LES MURIERS
ET
LES VERS A SOIE
EN SUISSE.
PAR
ALLEMANDI-EHINGER,

UN DES CINQ MEMBRES DU COMITÉ CENTRAL SUISSE POUR LA
PROPAGATION DE LA CULTURE DES MURIERS, MEMBRE DE LA
SOCIÉTÉ D'AGRICULTURE.

PUBLICATION ANNUELLE.
N° 1er 1837.

Die Maulbeerbäume
und die
Seidenwürmer in der Schweiz.
Von
Allemandi-Ehinger,

einem der fünf Mitglieder des schweizerischen Central-Ausschusses für die
Verbreitung der Zucht des Maulbeerbaumes, Mitglied der Gesellschaft
für Ackerbau.

Eine Jahresschrift.
Nro. 1. 1837.

LES MURIERS

ET LES

VERS A SOIE

EN SUISSE.

PAR

ALLEMANDI-EHINGER,

UN DES CINQ MEMBRES DU COMITÉ CENTRAL SUISSE POUR LA
PROPAGATION DE LA CULTURE DES MURIERS, MEMBRE DE LA
SOCIÉTÉ D'AGRICULTURE.

PUBLICATION ANNUELLE.

N° 1er 1837.

Die Maulbeerbäume

und

die Seidenwürmer

in der Schweiz.

Von

Allemandi-Ehinger,

einem der fünf Mitglieder des schweizerischen Central-Ausschusses für die Verbreitung
der Zucht des Maulbeerbaumes, Mitglied der Gesellschaft für Ackerbau

Eine Jahresschrift.

Nro. 1. 1837.

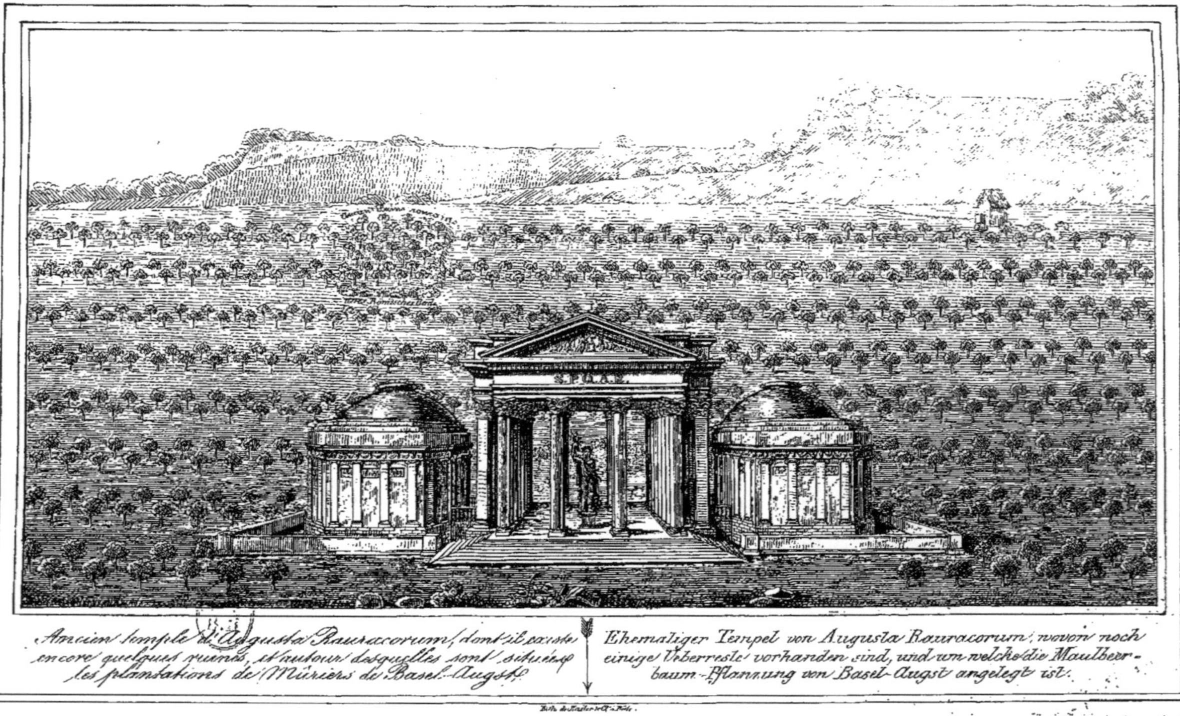

Ancien temple d'Augusta Rauracorum, dont il existe
encore quelques ruines, et autour desquelles sont situées
les plantations de Mûriers de Basel-Augst.

Ehemaliger Tempel von Augusta Rauracorum, wovon noch
einige Ueberreste vorhanden sind, und um welche die Maulbeer-
baum-Pflanzung von Basel-Augst angelegt ist.

PREMIÈRE PARTIE.

LES MURIERS

ET

LES VERS A SOIE,

EN SUISSE.

Erste Abtheilung.

Die Maulbeerbäume

und

die Seidenwürmer

in der Schweiz.

On a beaucoup écrit sur les vers à soie, il existe beaucoup de traités spéciaux sur cette branche importante d'industrie ; mais il en existe peu de vraiment populaires. Presque tous ne sont à la portée que des personnes qui ont déjà quelques connaissances du ver à soie, qui ont l'habitude de la lecture et qui sont familiarisées avec ce qu'on appelle les véritables expressions scientifiques. Ces livres sont écrits, sans doute, dans un style fort élégant, mais leur principal but et, dans tous les cas, leur résultat le plus positif est plutôt de faire parade de savoir et d'esprit, que de répandre d'une manière simple, claire, précise, en

Es ist über die Seidenwürmer schon viel geschrieben worden, viele spezielle Abhandlungen über diesen wichtigen Zweig des Gewerbfleißes sind vorhanden, allein nur wenige, die sich wahrhaft für das Volk eignen. Fast alle sind nur Leuten verständlich, die schon einige Kenntniß vom Seidenwurm besitzen, dabei das Lesen gewohnt und mit den eigentlichen Kunstausdrücken vertraut sind. Dergleichen Bücher sind zwar ohne Zweifel in einem vortrefflichen Style geschrieben, aber ihr Hauptendzweck oder jedenfalls ihr sicherster Erfolg war eher, Verstand und Kenntniß glänzen zu lassen, als auf eine einfache, deutliche, genaue, kurzgefaßte, auch dem bescheidensten Landmanne

peu de mots et à la portée des plus modestes cultivateurs les vraies méthodes qui doivent être suivies dans
la culture des mûriers et dans l'éducation des vers
à soie.

Comme cela n'est que trop souvent arrivé, nous
n'écrirons pas ce recueil périodique enfermés dans
notre cabinet et nous contentant de puiser dans diverses
histoires naturelles les longues descriptions sur le ver
qui produit la soie et l'arbre dont il se nourrit. Ne
parlant pas pour les savants, nous éviterons toute
dissertation ennuyeuse et inutile; n'écrivant pas dans
notre langue maternelle, et n'ayant aucune prétention
littéraire, nous désirons seulement être compris, et
pour cela nous tâcherons d'être aussi clairs que précis.
C'est dans les champs où nous avons plantés nos
mûriers, dans la magnanière où nous avons élevé nos
vers à soie, que nous avons puisé les documens que
nous croyons devoir publier; c'est par une pratique
assidue et par des expériences répétées que nous avons
constamment procédé. Dans ce recueil de nos observations on trouvera sans doute beaucoup de choses

verständliche Weise die wahren Lehren zu verbreiten, welche bei der Zucht des Maulbeerbaums und der Seiden= würmer befolgt werden sollen.

Da dieß nur zu oft schon vorgekommen, so schreiben wir diese Zeitschrift nicht etwa in unserm Zimmer oder befriedigen uns damit, aus verschiedenen Naturgeschichten weitläufige Beschreibungen über den Wurm zu schöpfen, der die Seide hervorbringt, und über den Baum, von dem er sich nährt; wir sprechen nicht zu Gelehrten und werden daher jede ermüdende und nutzlose Ausführung vermeiden; wir schreiben nicht in unserer Muttersprache und machen keine Ansprüche auf schriftstellerischen Ruhm: allein wir wünschen, verstanden zu werden, und zu diesem Zweck trachten wir, eben so deutlich als bestimmt zu seyn. Auf den Feldern, wo wir unsere Maulbeerbäume ange= pflanzt, in dem Zimmer, wo wir unsere Seidenwürmer erzogen, haben wir die Thatsachen her, die wir glauben veröffentlichen zu sollen; durch unermüdliche Uebung und öftere Erfahrung sind wir vorangeschritten. Zwar mag man in dieser Sammlung unserer Beobachtungen manche Bemerkungen finden, die schon von Andern gemacht

déjà dites par d'autres, mais les bonnes méthodes et les observations sages ne sauraient être trop répétées; il importe surtout de les mettre en ordre et de les classer de manière à ne point fatiguer le lecteur; il importe de les simplifier pour qu'elles deviennent populaires et à la portée de tous.

Populariser en Suisse la culture du mûrier et l'éducation des vers à soie, voilà notre but. Contribuer par nos efforts à doter ce beau pays d'une industrie nouvelle, voilà notre vœu le plus ardent. Si ces efforts, comme nous en avons la profonde certitude, sont couronnés de succès, nous serons vraiment heureux de notre entreprise, nous ne nous en glorifierons pas comme d'un mérite, mais nous nous en réjouirons comme d'une espèce de dette que nous aurons acquittée envers notre seconde patrie.

wurden, aber gute Anleitungen und tüchtige Beobachtungen können nicht oft genug wiederholt werden; es ist besonders höchst wichtig, sie gehörig zu ordnen und so zu stellen, daß der Leser nicht ermüdet wird; es ist wichtig, sie zu ver= einfachen, damit sie dem Volke allgemein verständlich werden.

Die Zucht des Maulbeerbaums und der Seiden= würmer in der Schweiz bei dem Volke beliebt zu machen, — dieß ist unser Endzweck; zur Gründung einer neuen Industrie in diesem schönen Lande unsern Beitrag zu liefern, unser aufrichtiger Wunsch. Wenn unsere Anstren= gungen, so wie wir es tief überzeugt sind, mit Erfolg gekrönt werden, ärndten wir den schönsten Lohn für unser Unternehmen, nicht als ob wir uns dessen, als eines Verdienstes, rühmen wollten, nein, wir werden uns darüber freuen, wie einer Art von Schuld, die wir unserm zweiten Vaterlande abgetragen haben.

LE MURIER.

Le Mûrier blanc, *Morus alba*, était connu dans la partie septentrionale de la Chine depuis la plus haute antiquité; sa culture, l'éducation de l'insecte auquel son feuillage sert d'aliment, le moyen de convertir en soie et en tissu le produit de cet insecte, étaient bien anciens, car on trouve en Chine des documens écrits qui les feraient remonter à **2700** ans avant l'ère chrétienne. Le mûrier se propagea dans les diverses contrées de l'Asie. Il fut pendant plus de

Der Maulbeerbaum.

———

Der weiße Maulbeerbaum (morus alba) ist seit dem höchsten Alterthum in dem nördlichen Theile von China bekannt; sein Anbau und die Zucht des Insekts, dem seine Blätter zur Nahrung dienen, die Mittel, um das Erzeugniß dieses Insekts in Seide und Gewebe umzuschaffen, sind sehr alt, denn man findet in China Handschriften, welche dieß bis gegen 2700 Jahre vor Christi Geburt zurückführen. Der Maulbeerbaum verbreitete sich in verschiedene Gegenden Asiens. Während mehr denn 600 Jahren war er das aus-

600 ans l'exclusive propriété des Grecs, et ce ne fut que vers le milieu du douzième siècle que *Roger le conquérant*, premier roi de Sicile, à la suite d'une expédition contre *Manuel Comnène*, rapporta de Constantinople des mûriers, des œufs de ver à soie et des ouvriers capables de cultiver les arbres, d'élever les insectes et d'ouvrer leur produit. De Sicile cette riche importation passa en Italie. Quelques courtisans de Charles VIII, lorsqu'il conquit le royaume de Naples, apportèrent en France quelques plants de mûriers. Ayant d'abord été cultivés dans les environs de Montélimart, ils étendirent bientôt leur nombreuse postérité sur presque tout le sol de la France.

En Suisse, le mûrier n'a pas encore pénétré, ou du moins, sa culture n'a pas encore pris ce rang qui lui est assigné par la nature. Plusieurs personnes s'en sont, il est vrai, déjà occupées, mais, soit dégoût, soit manque de connaissances nécessaires, la plupart l'ont abandonnée; les uns allèguent que le climat de la Suisse n'est pas convenable aux plantations de mûriers, les autres que le ver à soie étant originaire

schließliche Eigenthum der Griechen, und erst gegen die Mitte
des zwölften Jahrhunderts brachte Roger der Eroberer,
erster König von Sicilien, in Folge eines Zuges gegen
Manuel Comnenus, von Constantinopel Maulbeerbäume,
Eier von Seidenwürmern und Arbeiter mit, die in der
Baum = und Würmerzucht, so wie zum Gewinnen des
Erzeugnisses die nöthigen Kenntnisse besaßen. Von Sicilien
gelangte diese reiche Einfuhr nach Italien. Als Karl VIII.
das Königreich Neapel eroberte, brachten einige seiner
Höflinge Maulbeerpflanzen von daher nach Frankreich. Zuerst
in den Umgebungen von Montelimart angebaut, verbreiteten
sie bald ihre zahlreiche Nachkommenschaft fast über das
ganze Land.

In die Schweiz ist der Maulbeerbaum noch nicht gedrungen,
oder sein Anbau hat wenigstens noch nicht die Stelle ein=
genommen, die ihm durch seine Natur bestimmt ist. Es ist
wahr, daß mehrere Personen sich schon damit abgegeben haben,
aber die Meisten ließen ihn aus Ueberdruß oder Mangel der
nöthigen Kenntnisse wieder liegen. Einige gaben vor, das
Clima der Schweiz sei den Anpflanzungen der Maulbeerbäume
nicht günstig, Andere versicherten, der Seidenwurm, als

des pays chauds, ne peut réussir que dans ces mêmes pays, mais heureusement que toutes ces absurdités basées, disons le franchement, sur l'inexpérience de ceux qui ont déjà tenté ces essais, sont aujourd'hui matériellement démenties. Les faits ont déjà prouvé qu'on fait en Suisse de la superbe soie, rivalisant en finesse et en qualité avec celle d'Italie; que les plantations de mûriers faites sous une bonne direction et avec connaissance de cause réussissent parfaitement bien; il s'agit seulement de se donner un peu de peine. L'art d'élever les vers à soie est un art comme un autre, et tout art a des règles qu'il faut suivre sous peine de ne pas y réussir.

Le mûrier, qu'*Olivier de Serres* disait être plein de bénédictions divines, que le plus grand génie des temps modernes appelait *l'arbre d'or*, et qui peut pleinement justifier ces magnifiques qualifications, apporte dans le pays où il est cultivé, l'aisance et le bien-être. Il est donc inutile de répéter ce que tant d'auteurs ont déjà dit sur la richesse de cet arbre, il serait seulement à désirer que sa propagation,

Eingeborner wärmerer Länder, könne nur in diesen Ländern fortkommen; glücklicher Weise aber sind diese Thorheiten, die, wie wir es frei heraussagen, nur in der Unerfahrenheit der Unternehmer ihren Ursprung haben, heutzutage thatsächlich widerlegt. Es ist thatsächlich bewiesen, daß in der Schweiz vortreffliche Seide gewonnen wird, eine Seide, die an Feinheit und Güte mit der italienischen wetteifert, eben so, daß die unter tüchtiger Leitung und mit Fachkenntniß angelegten Maulbeerpflanzungen vollkommen gut gedeihen; nur muß man sich ein wenig Mühe nicht verdrießen lassen. Die Kunst der Seidenwürmerzucht ist eine Kunst, wie eine andere, und jede Kunst hat ihre Gesetze, die man befolgen muß, wenn sie von Statten gehen soll.

Der Maulbeerbaum, von dem Olivier von Serres sagte, er sei göttlichen Segens voll, den der größte Geist der neuern Zeit den Goldbaum nannte, und der in jeder Hinsicht diese schönen Bezeichnungen zu rechtfertigen vermag, bringt dem Lande, in dem er gepflegt wird, Reichthum und Wohlseyn. Es wäre demnach überflüssig zu wiederholen, was von so vielen Schriftstellern über die kostbaren Eigenschaften dieses Baumes ist gesagt worden; möchte nur seine Verbreitung in der Schweiz und in

en Suisse et en Allemagne, se fasse aussi promptement qu'elle s'est opérée dans les autres différents pays.

Les plantations de mûriers qui existent à Soleure, sous la direction de M^r le Président De Roll, sont de nature à donner beaucoup d'encouragement au pays, qui commence à s'apercevoir de l'utilité de cette industrie. A Coire, dans le canton des Grisons, il y a une société qui s'en occupe avec zèle et qui a déjà obtenu de la très-belle soie. A Zurzach, petite ville du Canton d'Argovie, plusieurs propriétaires ont commencé à faire des plantations de mûriers. Aux environs du lac de Bienne, Mr. le ministre Lemp, a formé une société dans le seul but de répandre la culture du mûrier et d'y consacrer une bonne partie du littoral du lac. A Bâle, Mad. Minder, qui depuis long-temps à élevé des vers à soie, continue à s'occuper de cette belle industrie avec beaucoup de zèle et de persévérance.

L'éducation des vers à soie étant un ouvrage minutieux, qui demande beaucoup de patience et de petits soins, il serait à désirer que les femmes et les

4

Deutschland eben so schnell vor sich gehen, als dieß in andern Ländern der Fall war.

Die Maulbeerpflanzungen, die unter der Leitung des Hrn. Präsidenten von Roll in Solothurn bestehen, sind geeignet, lebhafte Aufmunterung einem Lande zu geben, das den Nutzen dieses Gewerbfleißes einzusehen beginnt. Zu Chur, in Graubündten, beschäftiget sich eine Gesellschaft sehr eifrig damit, und hat schon sehr schöne Seide gewonnen. Mehrere Eigenthümer zu Zurzach, einer kleinen Stadt im Aargau, haben die Anlage von Maulbeerpflanzungen begonnen. In der Umgebung des Bieler=See's besteht eine von Hrn. Pfarrer Lemp gebildete Gesellschaft, deren Zweck ist, den Anbau des Maulbeerbaums daselbst zu verbreiten und ihm einen beträchtlichen Theil des Ufergebietes zu widmen. Frau Minder zu Basel, seit langer Zeit mit Seidenzucht beschäftigt, weiht sich fortwährend dieser schönen Industrie mit vielem Eifer und Beharrlichkeit.

Die Zucht der Seidenwürmer ist eine heikle Arbeit und verlangt viele Geduld und Sorgfalt; es wäre daher gerathen, wenn Frauen und Mädchen in der Schweiz sich damit abgäben, so wie es in Italien der Fall ist. Ihre Mitwirkung würde

jeunes filles s'en emparassent, en Suisse, comme en Italie. Leur coopération ne manquerait pas de donner à cette industrie un succès assuré, et rendrait la main d'œuvre moins dispendieuse.

En Pologne même, plusieurs essais ont déjà été tentés. A Varsovie, Mad. la Princesse Charles Lubecka s'y intéresse vivement, et Mad. la Comtesse Karsnika y consacre activement ses loisirs; ce noble élan donné par des dames placées dans une haute position sociale, ne peut manquer d'avoir un heureux résultat.

Le Prince régnant de la Principauté de Walachie, vient d'engager plusieurs grands propriétaires, et les hommes les plus marquants de la principauté à faire des plantations de mûriers; l'encouragement et la protection qu'il veut accorder à cette nouvelle industrie, sont un sûr garant qu'elle s'y développera promptement.

Le climat d'une grande partie de la Suisse convient très-bien à la culture du mûrier. Combien de penchans de collines, de petits vallons abrités contre les vents du nord, de terrains calcaires et

der Seidenzucht einen sichern Erfolg herbeiführen und die Hand=
arbeit weniger kostspielig machen.

Selbst in Polen hat man schon mehrere Versuche gemacht.
Zu Warschau nimmt die Frau Fürstin Carl Lubecka lebhaften
Antheil daran und die Frau Gräfin Karsnicka weiht ihnen
ihre freie Zeit; diese edle, durch Damen hohen Ranges gegebene
Aufmunterung wird unfehlbar einen glücklichen Erfolg her=
beiführen.

Der regierende Fürst der Wallachei hat unlängst mehrere
große Grundeigenthümer und die ausgezeichnetsten Männer
des Landes aufgefordert, Maulbeerpflanzungen anzulegen. Die
Aufmunterung und die Obhut, die er dieser neuen Industrie
will angedeihen lassen, geben hinlängliche Bürgschaft, daß sie
sich schnell entwickeln wird.

Das Clima eines großen Theiles der Schweiz ist der Zucht
des Maulbeerbaums sehr günstig. Wie viele gegen die Nord=
winde geschützte Abhänge in kleinern Thälern, wie vielen
Kalk= und andern Boden giebt es, wo der Maulbeerbaum
kräftig wachsen würde! Wie viele Stellen sind in der Schweiz,
die man für Nichts tauglich hält und wo der Maulbeerbaum
vortrefflich gedeihen könnte! Wie viele Maulbeerhecken könnte

autres, où le mûrier croîtrait avec vigueur ! Combien d'emplacements existent en Suisse, que l'on croit n'être bons à rien, et où le mûrier prendrait d'excellentes racines ! Combien de haies de mûrier l'on pourrait faire sur les bords des routes des petits chemins, lesquelles, sans nuire aux autres récoltes, ajouteraient à l'agrément du passage !

Que le cultivateur Suisse ne se laisse donc point décourager par ce que peuvent dire certains pessimistes, toujours prêts à paralyser une naissante industrie. Qu'il comprenne que ce serait bien beau, s'il pouvait alimenter avec ses récoltes les fabriques de soieries qui existent en Suisse et qui rivalisent déjà avec celles de Lyon, de St. Etienne, etc. Qu'il songe quelle immense somme d'argent sort de la Suisse pour l'achat des soies et qui resterait dans le pays, s'il s'occupait avec zèle de cette industrie. Qu'il plante donc des mûriers, sans crainte de non-réussite. Le mûrier est un arbre dûr, il peut résister aux froids les plus rigoureux, si on l'y amène par gradation, ou bien si on l'élève dans des pépinières Suisses. Il existe

man nicht an den Seiten der Straßen und Nebenwege anlegen, wo sie, ohne den übrigen Ernten zu schaden, die Gegend würden verschönern helfen!

Lasse sich daher der schweizerische Landwirth nicht entmuthigen durch die Bedenklichkeiten von Menschen, die jederzeit bereit sind, eine aufblühende Industrie zu lähmen. Wie herrlich wäre es, wenn er mit seinen Ernten die Seidenfabriken des Vaterlandes versehen könnte, die bereits mit jenen von Lyon, St. Etienne u. a. wetteifern. Man bedenke, welche ungeheure Geldsumme für den Ankauf von Seide aus der Schweiz geht, und die im Lande bleiben würde, wenn man sich mit Eifer auf diesen Gewerbsfleiß legte. Der Landwirth pflanze daher Maulbeerbäume an, ohne Furcht vor Mißlingen. Der Maulberbaum ist ein harter Baum, und kann dem stärksten Froste widerstehen, wenn man ihn allmälig daran gewöhnt oder wenn man ihn in schweizerischen Baumschulen zieht. In Piemont giebt es einige von schönen Maulbeerbäumen beschattete Thäler, die heftiger Kälte ausgesetzt sind und deren Clima im Winter dem Clima der Schweiz sich nähert. Zwar ist es wahr, daß der Frühling dort schneller kömmt, aber welche Zufälle führt er auch mit sich? Im März und April, wo die Blätter kommen,

en Piémont quelques vallées toutes ombragées de beaux mûriers, qui, cependant, sont exposées à des froids très-élevés, et dont le climat, en hiver, se rapproche de celui de la Suisse. Le printemps, il est vrai, s'y développe plus vite, mais que d'accidents ne produit-il pas? Dans les mois de mars et d'avril, où la feuille commence à paraître, il arrive souvent des gelées qui détruisent tous les bourgeons! En Suisse, au contraire, la végétation du mûrier commence, lorsqu'on n'a plus guère à craindre ces brusques retours de la température. Il existe même, en France, plusieurs communes du département de l'Isère, situées immédiatement au dessous des glaciers des Alpes, où on cultive le mûrier avec autant de succès qu'ailleurs, seulement la pousse du printemps est en retard de quelques jours.

Le mûrier demande, il est vrai, quelques soins, aussi bien que l'éducation des vers à soie, dont l'existence est si intimement liée avec sa culture. Mais tous les soins qu'on lui donne, il les paie largement et avec profusion.

zerstören oft Fröste alle Knospen. In der Schweiz dagegen treibt der Maulbeerbaum, wenn man wenig mehr von diesem Wechsel der Witterung zu fürchten hat. In Frankreich, im Departement der Isere, liegen mehrere Gemeinden selbst unmittelbar unter den Alpengletschern, wo man den Maulbeerbaum mit eben so viel Erfolg als an andern Orten angebaut hat. Nur kommt der Trieb im Frühjahr einige Tage später.

Der Maulbeerbaum, wie die Zucht des Seidenwurms, dessen Daseyn mit jener Cultur so innig verbunden ist, erfordert unstreitig manche Sorgfalt. Aber diese Sorgfalt wird auch von ihm völlig und reichlich bezahlt.

Manche Leute sind noch in dem schweren Irrthume befangen, als könne man den Seidenwurm von Ulmen=, Rosen=, Brombeer=, Lattich=, Schwarzwurz= oder andern Blättern ernähren. Heutzutage aber soll man wissen, daß allein nur der Maulbeerbaum es ist, der die dem Seidenwurm zuträgliche Nahrung liefert, und diese Nahrung, wir wiederholen es mit tiefster Ueberzeugung, kann ihm der Boden der Schweiz wohl liefern.

Lange Zeit hindurch war von gewissen alten Schriftstellern fälschlich behauptet worden, der Maulbeerbaum könne nur

Il existe encore chez quelques personnes une erreur fort grave, qui tendrait à faire penser que l'on peut nourrir le ver à soie avec des feuilles *d'Orme*, de *Rosier*, de *Ronce*, de *Laitue*, de *Skorzenère* etc.; mais on ne doit plus ignorer aujourd'hui que le mûrier produit *la seule* nourriture vraiment convenable au ver à soie, et cette nourriture, le sol de la Suisse peut la lui fournir, nous le répétons avec conviction.

En vain certains auteurs anciens avaient longtemps prétendu que le mûrier ne pouvait prospérer que sous le ciel de l'Inde, et cependant il a été introduit en Grèce, en Italie, dans le midi de la France, et ensuite dans quelques départemens du nord; pourquoi ne le serait-il pas également en Suisse? Nous possédons, au contraire, un avantage très-essentiel sur les autres pays, c'est que cette industrie étant toute naissante en Suisse, nous pouvons lui imprimer dès l'abord une bonne direction, et profiter des nombreuses expériences faites par nos voisins de France et d'Italie. Ce n'est pas par *vieille routine* que nous procéderons, comme on le fait encore aujourd'hui dans ces diverses contrées, ce

unter dem Himmel Indiens gedeihen; dennoch ward er nach-
einander in Griechenland, Italien, in's südliche und später auch
in Theile des nördlichen Frankreich eingeführt; warum könnte
es nicht eben so gut in der Schweiz geschehen? Wir haben
im Gegentheil einen großen Vortheil vor andern Ländern
voraus; da nämlich dieser Culturzweig in der Schweiz erst im
Entstehen begriffen ist, können wir ihm gleich von Anfang an
eine gute Richtung geben und dabei die vielen Erfahrungen
benutzen, die unsere Nachbarn in Frankreich und Italien gemacht
haben. Wir werden nicht nach altem Schlendrian
verfahren, wie es gegenwärtig in verschiedenen Gegenden
zum Verderben des Wurms und Verschlechterung der Seide
geschieht.

Wir unsererseits werden trachten, die einfachsten, natür-
lichsten und zugleich durch die berühmtesten Sachverständigen
angenommenen Weisen in Brauch zu bringen; wir werden
unser Augenmerk auf die Marktschreierei richten, die sich, wie
in andern Ländern, auch hier zeigen könnte. Wir machen
wenig Worte, aber wir handeln; unsere Berechnungen und die
Beschaffenheit unserer Erzeugnisse beruhen auf unverwerfbaren
Thatsachen.

qui est très-funeste à la réussite du ver et à la qualité de la soie.

Quant à nous, nous tâcherons d'introduire les moyens les plus simples, les plus naturels, et en même temps les plus généralement adoptés par les célèbres *éducateurs*; nous veillerons sur le charlatanisme qui pourrait s'y introduire à l'instar d'autres pays. Nous parlerons peu, mais nous agirons; nos calculs et la qualité de nos produits seront basés sur des faits incontestables.

Indiquer les soins que l'on doit apporter aux plantations de mûriers, la qualité de terrain où ils prospèrent le mieux, la taille, la greffe, la cueillette des feuilles etc.; ainsi qu'un résumé détaillé sur la manière d'élever les vers à soie: voilà l'objet de ce premier numéro; il formera, pour ainsi dire, la base de cette entreprise. Les numéros qui suivront traiteront des nouveaux systèmes les plus généralement adoptés, des différens moyens de chauffage de Darcet, la manière de filer les cocons et des différentes maladies auxquelles les vers à soie sont sujets. Ils contiendront

Der Inhalt dieser ersten Nummer wird sich verbreiten über die Behandlungsart der Maulbeerpflanzungen, über den diesem Baume zuträglichsten Boden, über das Beschneiden, das Pfropfen und das Einsammeln der Blätter. Dieß wird, so wie ein umständlicher Bericht über die Zucht der Seidenwürmer, die Grundlage dieses Werkes seyn. Die folgenden Nummern handeln dann von den neuen, allgemein angenommenen Behandlungsarten, den verschiedenen Heizungsmitteln nach Darcet, von der Abhaspelung der Cocons, und den verschiedenen Krankheiten der Seidenwürmer. Sie enthalten ferner noch die, durch Personen, welche sich in der Schweiz mit dieser neuen Industrie beschäftigen, gemachten Beobachtungen und Bemühungen. Endlich wird den HH. Abonnenten von Allem dem Mittheilung gegeben, was Neues erscheint, und was ihnen auf irgend eine Art Nutzen bringen kann.

encore les observations faites, et les efforts tentés par les diverses personnes qui s'occupent en Suisse de la nouvelle industrie. Enfin, Messieurs les abonnés seront tenus au courant de tout ce qui paraîtra de nouveau et qui pourra leur être utile en quelque manière.

MANIÈRE

D'OBTENIR LA GRAINE DU MURIER ET DE LA SEMER.

Le mûrier se reproduit parfaitement bien par sa graine; en le prenant dans son jeune âge, nous le suivrons progressivement jusqu'à sa maturité, et nous indiquerons les soins que réclament ses diffé-rentes périodes.

Art und Weise,

das Samenkorn des Maulbeerbaums zu gewinnen und es zu säen.

Der Maulbeerbaum pflanzt sich durchaus vortrefflich durch sein Samenkorn fort. Wir wollen ihn vom ersten Alter bis zu seiner Reife begleiten und die Behandlung beschreiben, welche er in diesen verschiedenen Zeitpunkten verlangt.

Vor Allem muß man auf die mancherlei Krankheiten achten, denen er ausgesetzt ist, und die sehr oft von der Untauglichkeit des Samenkorns herrühren. Es ist daher höchst wichtig, der Auswahl des zur Aussaat bestimmten Samens die größte Sorgfalt zu widmen.

Man nehme von einem kräftigen Maulbeerbaum mittleren Alters, der in einem mehr mageren, als fetten Boden steht, die dicksten Maulbeeren, zerdrücke sie in einem Kübel voll Wassers, das man öfters ausschütten muß, um damit die

Il faudra veiller surtout aux diverses maladies auxquelles il est sujet, et qui sont produites, le plus souvent, par l'imperfection de la graine dont il provient. Il est donc de toute importance d'apporter le plus grand soin possible au choix de la graine qui est destinée au semis.

Cueillez sur un mûrier d'un âge moyen, vigoureux, planté dans un terrain plutôt maigre que gras, les mûres les plus grosses; écrasez-les dans un baquet plein d'eau, que vous aurez soin de verser souvent, afin de répandre avec elle les graines qui surnageraient et dont la légèreté attesterait le peu de perfection. Cette opération terminée, lavez bien celles que vous trouverez au fond du baquet; faites-les sécher à l'ombre, et, si vous ne voulez les semer qu'au printemps, serrez-les dans des vases de terre que vous aurez soin de bien boucher et de tenir dans un lieu bien sec.

Une précaution qu'on fera bien de ne pas négliger, c'est de laisser au moins deux ans, sans l'effeuiller, l'arbre dont on veut recueillir la graine.

obenauf schwimmenden Körner wegzugießen, deren Leichtigkeit ihre geringe Tauglichkeit anzeigt. Ist dieß geschehen, wasche man die auf dem Boden des Kübels befindlichen Körner wohl aus und trockne sie im Schatten. Sollen sie erst im Frühjahre gesäet werden, so schütte man sie in irdene Gefäße, die wohl verwahrt und an einem trockenen Orte aufgestellt werden müssen.

Eine Maßregel, die man nicht versäumen sollte, ist, den Baum, von dem man Samenkörner ziehen will, wenigstens zwei Jahre vorher nicht seiner Blätter zu berauben.

In der Schweiz, wo der Frühling gewöhnlich spät ankömmt, thut man gut, das Samenkorn erst in den ersten Tagen des Maimonats in die Erde zu legen. Das Erdreich muß der Luft ausgesetzt und leicht zu bewässern seyn, wo möglich in einem Garten, der von Hecken oder Planken umschlossen ist, damit die jungen Bäume nicht von dem Vieh abgefressen werden.

Die Erde soll, wie gesagt, nicht allzu fett seyn; dieß wäre ein arger Irrthum, der traurige Folgen haben würde. Zwar hängt der Wachsthum der jungen Pflanzen ohne Zweifel von der Güte des Bodens ab, aber wie sehr würden sie nicht darunter leiden, wenn das Erdreich, dem man sie später anver=

En Suisse, où le printemps est ordinairement retardé, il sera bon de ne mettre la graine en terre que dans les premiers jours du mois de mai. Choisissez, pour l'ensemencement, un terrain bien exposé et facilement arrosable, dans un jardin, s'il est possible, entouré d'une haie ou d'une palissade, afin de mettre les jeunes mûriers à l'abri de la dent des bestiaux.

Il ne faut pas, comme on l'a déjà indiqué, que la terre soit trop grasse; ce serait une grave erreur qui pourrait avoir de funestes résultats par la suite. Sans doute, les progrès des jeunes plants sont toujours en rapport avec la richesse du sol, mais si le sol est plus riche que celui auquel il faudra bientôt les confier, combien n'auraient-ils pas à souffrir! C'est alors que le mûrier devient rachitique, parce qu'il est passé d'un terrain gras à un terrain maigre.

Le terrain, dans lequel on mettra la semence au printemps, doit être défoncé et préparé dès l'automne, afin que les gelées de l'hiver l'ameublissent et le disposent à recevoir convenablement la graine.

traut, nicht gleiche Güte hätte! Wenn der Maulbeerbaum aus fettem in mageren Boden kömmt, wird er knotig.

Das Erdreich, das im Frühjahr den Samen aufnehmen soll, muß vom Herbst an aufgelockert und bearbeitet werden, damit die Winterfröste es durchdringen und zu tüchtiger Aufnahme des Samens tauglich machen.

Auf Säeplätzen von vier bis fünf Fuß Breite stelle man eine Richtschnur und mache ihr entlang kleine Furchen, etwa einen halben Fuß weit von einander; man lege nun den Samen, mit Sand vermischt, hinein; dieß bewirkt, daß man nicht zu viel hineinlegt und derselbe gleichmäßiger ausgebreitet wird; hierauf decke man ihn mit anderthalb oder zwei Zoll hoch Erde.

Wie sorgfältig auch der Samen gelegt wird, wird er immer mehr Sprößlinge erzeugen, als es gut ist; daher reiße man die schwächsten fünfzehn oder zwanzig Tage nach ihrem Aufgehen aus und gebe sich bei dieser Maßregel die größte Mühe. Die Plätze, wo man das Ausreißen vornehmen will, müssen den Tag vorher reichlich begossen werden, damit nicht bei dieser Arbeit die zarten Wurzeln der Pflanzen Noth leiden, die man stehen lassen soll.

Formez vos tables de semis de la largeur de quatre à cinq pieds environ, placez un cordeau et creusez tout le long de petites raies à distance d'un demi pied les unes des autres; répandez-y la graine mêlée avec du sable, afin de n'en pas trop mettre et de la répandre plus également; couvrez-la ensuite d'un pouce et demi à deux pouces de terre.

Quelque soin que vous apportiez à semer votre graine, il levera toujours plus de sujets que vous ne devez en laisser; arrachez les plus faibles dans les quinze ou vingt jours de leur sortie de terre, et apportez à cette opération le plus de soin possible. Arrosez abondamment vos tables, la veille du jour où vous devez faire ce tirage, de crainte qu'en arrachant ceux qui doivent l'être, vous ne dérangiez les petites racines de ceux que vous devez laisser.

Ayez soin d'ôter avec précaution la mauvaise herbe qui croîtrait à l'entour, arrosez-les souvent; vous verrez qu'en suivant cette méthode, votre plant aura acquis, en automne, une hauteur moyenne de 15 à 20 pouces.

Kein Unkraut darf geduldet werden. Bei öfterem Begießen kann man sehen, wie nach dieser Verfahrungsart die Pflanzen im Herbste eine mittlere Höhe von 15 bis 20 Zoll erlangt haben. Sobald der erste Frost eintritt, so bedecke man die Pflanzplätze mit ein wenig Stroh oder trockenen Blättern, damit sie vor starker Kälte geschützt sind; diese Vorsicht ist besonders im ersten Jahre empfehlungswerth, da die junge Pflanze noch nicht stark genug ist, unserem Winter zu widerstehen.

Si tôt que les premiers froids se feront sentir, couvrez vos tables de mûriers avec un peu de paille ou de feuilles sèches, afin que les fortes gelées ne puissent pas leur nuire ; cette précaution est bonne pour la première année surtout, alors que la jeune plante n'a pas encore acquis la force nécessaire pour résister à nos hivers.

MANIÈRE

DE CULTIVER LE MURIER, ET CHOIX DU TERRAIN QUI LUI CONVIENT LE MIEUX.

Bien que le mûrier se reproduise facilement par sa graine, il sera cependant assez difficile d'en obtenir de jeunes plants robustes, vigoureux et capables d'être tirés à haute tige, à cause des difficultés qu'on aura

Die Pflege des Maulbeerbaums

und die Wahl des Bodens, der ihm am zuträg-lichsten ist.

Obgleich der Maulbeerbaum leicht durch Samen erzeugt wird, so ist es doch ziemlich schwer, starke und kräftige Pflanzen, die einen hohen Stamm versprechen, daraus zu erziehen, weil man Anfangs Mühe hat, sich taugliche, wohl-befruchtete Körner zu verschaffen. Wir rathen daher den Grund-besitzern, die eine Maulbeerpflanzung anlegen wollen, sich junge Schößlinge aus unsern schweizerischen Baumschulen kommen zu lassen und deren Pflege nach folgender Anleitung vorzunehmen.

Schon dreijährige Maulbeerbäume können fest angepflanzt und zu Hecken, Gebüschen u. s. w. verwendet werden. Zu dem Endzweck muß man sie, sobald sie ihr zweites Frühjahr erlebt haben, vorsichtig aus ihrer Baumschule ausreißen,

d'abord à se procurer de la bonne graine bien fécondée. Nous conseillerons donc aux propriétaires qui veulent commencer une plantation de mûriers, de se procurer de jeunes plants provenus de pépinières suisses, et d'en entreprendre la culture avec les soins que nous allons indiquer.

Les jeunes mûriers, lorsqu'ils auront atteints leur troisième année, pourront déjà être plantés à demeure, et disposés en forme de haie, buissons, etc. A cet effet, il faut les arracher avec précaution de la pépinière où ils auront été mis, lorsqu'ils auront atteint leur second printemps; ne rien toucher à leurs longues racines ni à leurs branches; creuser un fossé d'un pied de profondeur environ, et les placer à distance de deux pieds les uns des autres.

Le terrain qui convient le mieux aux haies de mûriers, ce sont les bords des champs, les levées des chemins, les penchans des collines. Il faut éviter de mettre les haies dans des prairies, des bas fonds où l'eau séjourne, où même l'humidité se maintient.

nichts an ihrer langen Wurzel oder ihren Zweigen verletzen, einen etwa einen Fuß tiefen Graben machen und sie zwei Fuß weit von einander hinpflanzen.

Der Boden, der am besten sich zu Maulbeerhecken eignet, ist der Rand der Aecker, die Seiten der Wege, die Hügel= abhänge. Man muß vermeiden, sie in Wiesen, Gründe, wo Wasser zusammenläuft oder auch nur Feuchtigkeit herrscht, hinzupflanzen.

Ist das Erdreich steinig, kalkig oder sandig, so thut dieß nichts, der Maulbeerbaum gedeiht dort nur um so besser, wenn nur um seine Wurzeln gute Erde gelegt wird, und man Sorge trägt, ihn beim Anpflanzen stark zu bewässern, damit er tüchtig Wurzel fassen kann.

Das Frühjahr ist für die Anpflanzung von Maulbeer= hecken gewöhnlich vorzuziehen; die unbedeutende Krankheit, die die Bäumchen beim Wechseln des Bodens erleiden, hat weniger Einfluß auf die junge Pflanze, wenn die Sommer= hitze, als wenn die Winterkälte naht.

Haben die jungen Pflanzen alle gut Wurzel gefaßt, kann man im nächsten Frühjahre die kleinen, sich durch= kreuzenden Zweige abschneiden, sie lichten und ausputzen;

Si votre terrain est pierreux, calcaire ou sablon-
neux, peu importe, le mûrier n'y viendra que mieux,
pourvu que vous mettiez autour de ses racines de la
bonne terre, et que vous ayez soin de l'arroser fortement, en le plantant, afin que les racines puissent
s'attacher à la terre.

Le printemps est ordinairement préférable pour
la plantation des haies ; la petite maladie que les mûriers
font en changeant de terrain, a moins d'influence sur la
jeune plante en entrant dans les chaleurs de l'été que
dans les gelées de l'hiver.

Lorsque tous vos jeunes plants auront bien pris,
au printemps suivant vous pourrez couper les petites
branches qui se croisent, les éclaircir, les élaguer ;
mais gardez-vous de toucher aux branches principales,
laissez-les croître à leur aise, occupez-vous seulement
de celles qui sont courbes, tordues et entrelacées les
unes dans les autres. Coupez le moins que possible,
laissez venir le jeune mûrier dans sa nature, il deviendra
fort et vigoureux, vous aurez de beaux jets, sa feuille
sera savoureuse et appétissante pour le ver à soie. Vous

man hüte sich aber wohl, die Hauptäste anzurühren; man lasse sie frei aufwachsen und beschäftige sich nur mit den krummen, knotigen und in einander gewachsenen. Man schneide so wenig wie möglich, lasse den jungen Maulbeerbaum seiner Natur nach sich entwickeln; er wird stark und kräftig, liefert schöne Sprößlinge, sein Laub ist saftig und den Seidenwürmern angenehm. Indessen darf man keine Blätter pflücken, ehe wenigstens drei Jahre nach seiner Umpflanzung in Hecken vorüber gegangen sind.

Hauptsächlich aber beim Anpflanzen hochstämmiger Maulbeerbäume von fünf, sechs, acht oder zehn Jahren muß man Vorschriften und Vorsicht beobachten.

Der Maulbeerbaum verlangt sehr viel Sorgfalt, es ist wahr, aber er ist niemals undankbar; behandelt man ihn gut, er wird jegliche Mühe bald vergelten.

Der hochstämmige Maulbeerbaum gedeiht vortrefflich und treibt herrliches Laubwerk auf gegen Aufgang oder Mittag liegenden Hügeln. Gypsiges, thonreiches Erdreich verträgt er nicht; von sumpfigem Boden muß man ihn durchaus fern halten. Eine durch hohe Gebirge gegen die Nordwinde geschützte Ebene mit Kalk- und Sandboden bewirkt am besten, daß der

ne pourrez cependant pas cueillir de feuilles qu'après l'espace de trois ans au moins, depuis sa transplantation en haie.

Lorsque vous voudrez planter des mûriers à haute tige, de cinq, six, huit ou dix ans, c'est là surtout qu'il est des règles à suivre et des précautions à prendre.

Le mûrier est un arbre exigeant, si l'on peut s'exprimer ainsi, mais il n'est jamais ingrat; travaillez-le, et il ne tardera pas à vous récompenser de vos peines.

Le mûrier haute tige prospère bien et produit un excellent feuillage, sur les penchans des collines exposées au levant où au midi. Il redoute les terrains gypseux où l'argile domine; il faut surtout l'éloigner de terres marécageuses. Une plaine abritée contre les vents du nord par de hautes montagnes, les terres calcaires et sablonneuses sont toujours celles où le mûrier produit le feuillage le plus propre à répondre à sa destination; c'est là où on doit le placer de préférence.

Combien de beaux sites n'existent-ils pas en Suisse pour ce genre de plantation? Que de côteaux bien exposés, que de petites plaines abritées par les montagnes!

Maulbeerbaum das seiner Bestimmung am sichersten entspre=
chende Laubwerk hervorbringt; dahin soll man ihn also vor=
zugsweise anbauen.

Wie viele treffliche Landstrecken giebt es in der Schweiz
für derlei Pflanzungen; wie viel sonnreiche Abhänge und durch
Gebirg geschützte kleine Ebenen!

Von Wichtigkeit ist es, daß die Anpflanzung hochstämmiger
Bäume eher im Herbst als im Frühjahre geschehe, weil das
Erdreich während des Winters sich feucht erhält und den
Wurzeln Zeit läßt, in die Erde einzugreifen. Der hochstämmige
Maulbeerbaum leidet vom Froste nichts, da er schon Stärke
genug besitzt, ihm zu widerstehen; außerdem sind auch die
Wurzeln schon tief genug, als daß sie die Kälte zu fürchten
hätten.

Auf drei Fuß Tiefe grabe man Löcher von vier Quadrat=
fuß Breite, und zwar vier oder fünf Monate vor der An=
pflanzung des Baumes, damit die an den Tag geschaffte
Erde durch den Einfluß der Luft befruchtet werden kann.

Man lege mit größter Sorgfalt auf den Grund der
Löcher und um die verschiedenen Wurzeln her eine angemessene
Menge wohlangefeuchteter Gartenerde. Ehe dieß geschieht,

Les plantations à haute tige, il est important qu'elles se fassent en automne plutôt qu'au printemps, parceque le terrain se conserve humide pendant l'hiver et donne le temps aux racines de se lier avec la terre. Les gelées ne feront rien au mûrier haute tige, qui a toujours assez de force pour y résister ; et, d'ailleurs, ses racines seront plantées assez profondément en terre pour n'avoir pas à craindre le froid.

Il faut creuser des trous de quatre pieds carrés sur trois de profondeur, et cela quatre où cinq mois avant la plantation de l'arbre, afin que la terre extraite ait le temps d'être fécondée par les influences atmosphériques.

On doit apporter la plus grande attention à mettre au fond des trous et autour des diverses racines, une bonne couche de terre végétale bien humectée ; on aura eu soin de plonger auparavant les racines dans une espèce de bouillie faite avec de l'eau et de la terre grasse: ce mélange, s'attachant aux racines, les maintient fraîches jusqu'au moment où l'autre terre s'y sera attachée.

Il ne faudra laisser aucune espèce d'herbe parasite à deux pieds au moins de votre arbre, faire remuer sou-

tauche man die Wurzeln in eine Art von Mischung, die aus Wasser und Dammerde besteht, an den Wurzeln hängen bleibt und sie bis zu dem Augenblicke frisch erhält, wo die andere Erde sie umgiebt.

Wenigstens zwei Fuß um den Stamm her darf kein Unkraut gelassen werden; die Erde ringsumher muß man durch öfteres Auflockern frisch und der befruchtenden Luft zugänglich machen.

Als Zwischenraum von einem Stamm zum andern genügen zwölf Fuß; wäre er geringer, so würde die Ausbreitung der Wurzeln und Aeste darunter leiden; wäre er größer, so würde man Land dabei verlieren.

Außer den großen Pflanzungen von hochstämmigen Maulbeerbäumen, die bei Augst, um den Tempelhof her, auf den Ruinen des Tempels der alten Römerstadt Augusta Rauracorum angelegt sind, findet man daselbst eine schöne Pflanzung von gepfropften, breitblätterigen Zwergmaulbeerbäumen, die den doppelten Vortheil haben, daß man die Blätter leichter pflücken und den Baum besser pflegen kann, denn er wird nicht höher, als vier bis fünf Fuß. Auch kann das Einsammeln der Blätter schon drei Jahre nach seiner Pflanzung

vent la terre autour de lui, afin de la rafraîchir et de lui faire profiter des influences atmosphériques.

Douze pieds de distance, d'un arbre à l'autre, seront suffisants. Plus près, la diramation des racines et des branches les feraient souffrir, et plus éloignés, ce serait une perte de terrain.

A Basel-Augst, indépendamment des grandes plantations de mûriers à haute tige qui existent au *Tempelhof* sur les ruines du temple de l'ancienne ville romaine *Augusta Rauracorum*, il y a une belle plantation de mûriers nains greffés, à larges feuilles, qui présente le double avantage, que l'on peut cueillir les feuilles et soigner l'arbre plus facilement, puisqu'il n'a pas plus de quatre à cinq pieds de hauteur et que la cueillette des feuilles peut se faire trois ans après la plantation, tandis qu'il en faut six pour les hautes tiges.

On peut planter les mûriers nains à la distance de 8 à 10 pieds.

Statt finden, während man bei Hochstämmen sechs Jahre dafür warten muß.

Die Zwergmaulbeerbäume können in Zwischenräume von 8 bis 10 Fuß gepflanzt werden.

DE LA TAILLE DES MURIERS.

Nous avons déjà dit pour les jeunes mûriers en haie, qu'il fallait ne couper les branches que le moins possible; ceci s'applique plus encore aux mûriers à haute tige. Ce n'est pas à l'homme à déterminer la forme qui convient le mieux à un végétal; c'est à la nature de le faire. Moins nous nous écarterons, dans la culture d'un arbre, des règles qu'elle prescrit, plus nous nous approcherons de ses véritables conditions végétatives. Ne mutilez pas vos mûriers par la serpe, et ne les contraignez pas à prendre une direction forcée; bornez-vous à retrancher de votre arbre les branches mutilées, miscoupées ou tordues, les chicots, les bois morts, les branches trop faibles, celles qui se croisent, tout ce qui ne peut que faiblement produire et dont la suppression, loin de nuire à l'arbre, doit contribuer à sa prospérité.

Von dem Beschneiden der Maulbeerbäume.

Wir haben oben gesagt, daß die zu Hecken angepflanzten jungen Maulbeerbäume nur so wenig als möglich dürfen beschnitten werden; dieß gilt in noch höherem Maße für die hochstämmigen Maulbeerbäume. Nicht am Menschen, sondern an der Natur ist es, zu bestimmen, welche Bildung einer Pflanze am besten zusagt. Je weniger wir uns in der Baumzucht von den Vorschriften entfernen, welche die Natur vorschreibt, desto mehr nähern wir uns den wahren, das Wachsthum sichernden Bedingungen.

Man verstümmele weder die Maulbeerbäume mit dem Gartenmesser, noch gebe man ihnen eine gezwungene Richtung; es genügt, die verstümmelten, halbgeschnittenen oder krummen Zweige, die Knoten, die dürren oder allzuschwachen Aeste wegzuschneiden; ebenso diejenigen, die durch einander wachsen oder wenig einbringen, und deren Wegschaffung, weit entfernt, dem

C'est une fatale erreur, de croire qu'en mutilant un arbre, il produise plus de feuilles l'année suivante.

M. le comte *Verri* dit que la taille a le double inconvénient de diminuer le produit annuel des mûriers et d'en retarder l'accroissement ; il déclare être persuadé qu'elle en abrège la durée par la nécessité où elle le met de s'épuiser pour cicatriser ses blessures. Le mûrier, dit-il, doit être élagué, mais modérément et pas trop souvent.

C'est au printemps que l'expérience a prouvé, qu'il convient le mieux de couper les branches dont nous avons parlé plus haut. M. *Noisette* blâme fortement la taille d'automne ; les plaies, ne pouvant se cicatriser, produisent des chancres.

D'après le mode d'élagage qu'on vient d'indiquer, on ne fait au mûrier que de légères blessures ; toutefois on ne doit jamais l'entreprendre sans être muni de ce qu'on appelle *l'onguent de St. Fiacre.* Il faut en recouvrir aussitôt les blessures dans le double but d'empêcher l'écoulement de la sève et de prévenir l'effet des influences atmosphériques.

Baum zu schaden, vielmehr zu seinem Gedeihen beiträgt. Es ist ein großer Irrthum, wenn man glaubt, durch das starke Beschneiden eines Baumes bewirke man, daß er im folgenden Jahre mehr Blätter treibe.

Der Hr. Graf Verri sagt, das Beschneiden habe den doppelten Nachtheil, daß es den jährlichen Ertrag der Maulbeerbäume und zugleich deren Wachsthum vermindere; er erklärt überzeugt zu seyn, daß auch deren Dauer abgekürzt wird, indem sie sich nothwendig erschöpfen müssen, um die Wunden zu heilen. Der Maulbeerbaum, räth er, soll zwar beschnitten werden, aber nur wenig und nicht zu oft.

Die Erfahrung hat bewiesen, daß das Abschneiden der obenerwähnten Zweige am besten im Frühjahre geschieht. Hr. Noisette tadelt das Beschneiden im Herbste sehr; die Wunden können nicht heilen und verursachen den Krebs.

Nach der von uns oben beschriebenen Art des Beschneidens macht man dem Maulbeerbaum nur leichte Wunden; in keinem Falle darf man es unternehmen, ohne mit Baumpflaster ver= sehen zu seyn. Man muß die Wunden sogleich damit bedecken, um das Auslaufen des Baumsaftes zu verhindern und der Einwirkung der Luft zuvor zu kommen.

RECETTE DE L'ONGUENT St. FIACRE.

Un tiers de terre argileuse.

Un tiers de charbon bien pulvérisé.

Un tiers de bouse de vache.

Le tout pétri et mêlé ensemble.

Nous avons indiqué la culture du mûrier provenu de sa graine, en d'autres termes, du sauvageon ; nous parlerons plus loin du *multicaule* ou *mûrier des Philippines*, dont nous sommes redevables à M. Perottet qui, dans l'année 1821, se trouvant à Manille, capitale des Philippines, en rapporta en France quelques plantes. C'est du sauvageon seul que nous nous sommes encore occupés, parce que c'est lui qui contient la meilleure substance soieuse, et que le ver à soie mange avec le plus de plaisir. Sa feuille petite, savoureuse, *incartée*, l'emporte sur celle de toutes les autres espèces.

Ce que nous avons dit jusqu'à présent, nous a été enseigné par l'expérience. Il nous reste un vaste champ à parcourir : nous continuerons à rester dans les termes les plus simples et les plus brefs.

Bereitungsart des Baumpflasters.

Ein Drittheil Thonerde.

Ein Drittheil gut pulverisirte Kohle.

Ein Drittheil Kuhmist.

Alles durcheinander geknetet und vermischt.

Wir haben den Anbau des aus Samenkorn erzeugten Maulbeerbaums, oder mit andern Worten, des Wildlings, angegeben, wir werden weiter unten vom Multikaulis, oder dem Maulbeerbaum der Philippinen reden, dessen Einfuhr wir Hrn. Perottet verdanken, der von seiner im Jahr 1821 nach Manilla, der Hauptstadt der philippinischen Inseln, gemachten Reise, einige Pflanzen mit nach Frankreich brachte. Wir haben uns bis dahin allein mit dem Wildling beschäftigt, weil er es ist, der die beste Seidensubstanz enthält und der Seidenwurm von ihm am liebsten frißt. Seine kleinen, saftigen Blätter sind vor allen andern Arten die besten.

Was wir bis jetzt gesagt haben, ist uns durch die Erfahrung gelehrt worden. Ein weites Feld liegt vor uns offen;

M. l'abbé De Sauvages, le comte Dandolo, ont écrit des ouvrages excellens, de riches commentaires, mais qui sont trop longuement et trop scientifiquement élaborés pour les propriétaires et cultivateurs qui voudraient en faire usage.

Bonafous, Verri, Davoure, Bosc, Pitaro, Bassi, Lodi, Boitard, Cauvi, Rozier, Fontana, et une foule d'autres, ont encore écrit des ouvrages remarquables sur cette importante branche d'industrie. M. le pasteur *Fraissinet* de Sauve, homme distingué et agronome profond, a surtout compris qu'il fallait parler à tous et être entendu de tous; ses ouvrages méritent les éloges les plus honorables.

Ce ne sont pas les livres qui manquent sur la culture des mûriers et sur l'éducation des vers à soie, ils abondent, au contraire. Il s'agit seulement de choisir les meilleurs, ce qui est peut-être un peu difficile, car la plupart se contredisent.

Mais que le propriétaire ne s'attache pas trop aux livres; qu'il fasse lui-même ses petites expériences, qu'il s'instruise par la pratique. Quant à nous, nous

wir fahren fort, uns der einfachsten und kürzesten Ausdrücke zu bedienen.

Der Hr. Abbé de Sauvages, der Graf Dandolo haben treffliche Werke und reichhaltige Erläuterungen geschrieben; aber sie sind für die Grundeigenthümer und Landwirthe, die davon Gebrauch machen wollten, viel zu ausführlich und wissenschaftlich.

Bonafous, Verri, Davoure, Voße, Pitaro, Vassi, Lodi, Voitard, Cauvi, Rozier, Fontana, und eine Menge anderer Schriftsteller haben sich in bemerkens= werthen Werken über diesen wichtigen Culturzweig verbreitet. Der Hr. Pfarrer Freissinet von Sauvé, ein ausge= zeichneter Mann und trefflicher Landwirth, hat vorzugsweise verstanden, daß man zu Allen reden und von Allen ver= standen werden müsse: seine Schriften verdienen das ehren= vollste Lob.

Nicht Bücher sind es, die über die Zucht der Maulbeer= bäume und Seidenwürmer fehlen; sie sind im Gegentheil im Ueberfluß vorhanden. Es handelt sich nur darum, die tüchtigsten auszuwählen, und dieß ist vielleicht etwas schwierig, indem die meisten mit einander im Widerspruch stehen.

mettrons à la disposition de nos abonnés tous les renseignemens qui seront en notre pouvoir; ils n'auront qu'à s'adresser à nous. Nous serons heureux de donner à cette publication tous les supplémens oraux et épistolaires qu'on pourra désirer. Nous invitons même, comme on sait, tous nos abonnés à assister au cours gratuit que nous ferons tous les ans au mois de Juin.

Ce sera peut-être là le meilleur moyen d'acquérir en peu de temps les connaissances nécessaires pour s'occuper, sans guide, sans livres, et avec plus de certitude, de la culture des mûriers et de l'éducation de ses vers à soie.

Der Landwirth soll sich aber nicht zu sehr an Bücher hängen, er mache selbst seine kleinen Erfahrungen und unterrichte sich durch die Uebung. Was uns betrifft, so stellen wir zur Verfügung unserer Abonnenten alle Erläuterungen, die wir im Stande sind zu geben; sie haben sich dafür nur an uns zu wenden. Wir fühlen uns glücklich, dieser Schrift alle mündlichen und schriftlichen Zusätze zu geben, die man von uns verlangen wird. Außerdem laden wir, wie bekannt, alle unsere Abonnenten ein, einem unentgeltlichen Vortrage beizuwohnen, den wir alljährlich im Monat Juni halten werden. Hierin liegt vielleicht das beste Mittel, in kurzer Zeit die nöthigen Kenntnisse zu erlangen, um sich ohne Führer, ohne Bücher, und mit mehr Sicherheit mit der Zucht der Maulbeerbäume und Seidenwürmer zu beschäftigen.

DE LA FEUILLE ET DE SA CUEILLETTE.

Les mûriers haute tige ne peuvent point être effeuillés sans inconvénient avant leur sixième année, à partir de leur plantation à demeure. Cette précaution est indispensable, si vous ne voulez pas voir vos mûriers périr lentement et prendre les diverses maladies auxquelles ils sont sujets. Ayez soin de recommander à vos cueilleurs de feuille de ne point faire de déchirures à vos mûriers; car elles nuisent à la prospérité de l'arbre, et appauvrissent la récolte suivante de tous les bourgeons enlevés.

Prenez une échelle double, afin qu'elle se tienne droite et que vous n'ayez pas besoin de l'appuyer sur votre jeune arbre, ce qui en fatiguerait la tige. Gardez-vous aussi de faire la guerre à vos cueilleurs, parce qu'ils n'ont pas arraché de votre arbre jusqu'à la moindre feuille. De cette prétendue perte doit résulter un profit

Von den Blättern und deren Einsammeln.

Die hochstämmigen Maulbeerbäume können ohne Nachtheil vor dem sechsten Jahre nach ihrer Festpflanzung nicht entblättert werden. Es ist dieß eine unerläßliche Vorsicht, wenn man die Maulbeerbäume nicht allmälig zu Grunde gehen oder die Krankheiten will einreißen sehen, denen sie unterworfen sind. Man präge es den Blättersammlern wohl ein, keine Risse an den Maulbeerbäumen zu machen, denn sie schaden dem Gedeihen des Baumes und machen die folgende Ernte um alle abgerissenen Knospen ärmer.

Man nehme eine doppelte Gartenleiter, die gerade stehe und die man nicht nöthig hat, an den jungen Baum anzulehnen; denn dieser würde davon leicht gebeugt. Man hüte sich auch, den Einsammlern Vorwürfe zu machen, daß sie vom Baume nicht durchaus alle Blätter abgepflückt haben. Aus diesem vermeintlichen Verlust entsteht ein wirklicher Vortheil; je mehr

réel ; plus on aura laissé sur l'arbre de ces feuilles éparses qu'on nomme *papillons*, moins on aura fait éprouver de mal à l'arbre, plutôt il sera revêtu de sa nouvelle robe, plus il poussera de bois et plus il rendra de feuilles à la récolte suivante. Laisser sur tout le pourtour du mûrier quelques rameaux sans les dépouiller, est une précaution qui a toujours les plus heureux résultats ; l'action de leurs feuilles entretient la circulation du fluide séveux, prévient la suffocation de l'arbre, empêche l'engorgement de la sève, qui résulte si souvent de la cueillette.

La cueillette pendant la pluie nuit beaucoup au mûrier, et cependant il faut qu'elle s'opère quand le besoin l'exige. La santé des arbres, ainsi que celle des vers à soie, prescrit donc d'avoir des magasins, pour y faire pendant le beau temps une ample provision de feuilles, qui dispense d'en cueillir pendant la pluie.

Le mûrier supporte plusieurs années consécutives son dépouillement ; mais de ce qu'il n'en périt pas immédiatement, il ne faut pas conclure qu'il n'en éprouve aucun dommage ; il est certain que la plupart de ses

man von jenen hin und wieder zerstreuten Blättern, die man Doppelblätter nennt, am Baum läßt, desto weniger wird der Baum leiden, desto früher sein neues Kleid anhaben, desto mehr in's Holz wachsen und bei der nächsten Ernte reichlicher Blätter liefern. Rund um den Baum herum einige Aeste zu lassen, ohne davon zu pflücken, ist eine Vorsicht, die die glücklichsten Folgen hat. Das Daseyn dieser Blätter unterhält den Umlauf des Baumsaftes, verhindert das Ersticken des Baumes, wie die Verstopfung des Saftes, die oftmals von dem Blätterpflücken entsteht.

Das Einsammeln bei Regenwetter ist dem Maulbeerbaum sehr nachtheilig, und doch muß es geschehen, wenn die Noth= wendigkeit es heischt. Die Sorge für die Gesundheit des Baumes, so wie der Würmer, schreibt daher vor, Vorräthe zu sammeln, und bei schönem Wetter eine hinlängliche Menge Blätter zu pflücken, damit man es bei Regenwetter nicht nöthig habe.

Der Maulbeerbaum hält während mehrerer Jahre hinter einander die Entblätterung aus, allein man muß nicht glauben, weil er nicht sogleich davon abstirbt, so leide er darunter keinen Schaden; es ist sicher, daß seine meisten Krankheiten durch

maladies proviennent de cette opération, à laquelle notre intérêt l'a condamné.

Les meilleurs agronomes, dans la vue de prolonger son existence, conseillent de ne le cueillir que tous les deux ans; mais ce prudent conseil est rarement suivi. Le mûrier est le seul végétal qui puisse résister longtemps à la cueillette annuelle de sa feuille. Un chêne, quelque vigoureux qu'il fût, succomberait avant cinq ans à cette opération.

La feuille du mûrier possède encore le privilège de n'être attaquée par aucun insecte, excepté par celui auquel elle sert de nourriture. On dirait, en vérité, que Dieu, dont la bonté se manifeste en toute chose, a voulu que cette feuille fut scrupuleusement respectée par ces millions d'insectes inutiles qui souvent dépouillent de leur verdure nos vergers et nos bois.

diese Behandlung entstehen, zu der unser Vortheil ihn ver=
urtheilt hat.

Die besten Landwirthe, in der Absicht, sein Leben zu
verlängern, rathen, ihn nur alle zwei Jahre zu entblättern,
allein dieser kluge Rath wird selten befolgt. Der Maulbeerbaum
ist der einzige Baum, der längere Zeit die jährliche Ent=
blätterung ertragen kann. Eine Eiche, sei sie auch noch
so stark, würde, ehe fünf Jahre vergehen, dieser Behandlung
unterliegen.

Das Blatt des Maulbeerbaums besitzt noch das Vorrecht,
von keinem Insekte angegriffen zu werden, außer demjenigen,
dem es zur Nahrung dient. Man könnte in Wahrheit sagen,
daß Gott, dessen Güte überall sichtbar ist, gewollt hat, daß
dieses Blatt durch jene Millionen unnützer Insekten verschont
werde, die oftmals unsere Baumgärten und Gehölze ihres
Laubwerks berauben.

LES MALADIES DES MURIERS.

MANIÈRE DE LES PRÉVENIR.

On peut prévenir sans peine les maladies des mûriers, mais on ne les guérit que difficilement. Le *rabougrissement*, qui est celle qui attaque le plus généralement les mûriers, a pour cause la pauvreté du sol ou l'imperfection de la graine dont l'arbre est provenu. Elle se manifeste par de très-petites pousses, des mousses, des lichens, des chancres, des branches mortes etc. Les racines ne trouvent dans un terrain épuisé ou stérile de sa nature que des sucs peu abondans, n'y pompent que des principes peu convenables à la prospérité de l'arbre; dès lors, la sève qui est destinée aux branches n'y parvient qu'avec peine, et les ramaux imparfaitement nourris commencent par jaunir et finissent par se déssécher. Le fumier et la bêche, tel est le remède de ce mal, incurable s'il

Die Krankheiten der Maulbeerbäume.

Art, ihnen vorzubeugen.

Während man den Krankheiten der Maulbeerbäume ohne Mühe vorbeugen kann, heilt man sie nur sehr schwer. Die Verkrüppelung, diejenige Krankheit, welche die Maulbeerbäume hauptsächlich angreift, hat ihre Ursache in der Magerkeit des Bodens oder der Untüchtigkeit des Samenkorns, aus dem der Baum gewachsen. Sie verräth ihr Daseyn durch sehr kleine Zweige, durch Flechten, Moose, Krebs, abgedorrte Aeste u. s. w. Die Wurzeln finden in einem erschöpften oder von Natur unfruchtbaren Boden wenig reichliche Säfte und saugen nur solche Stoffe in sich, die dem Gedeihen des Baumes wenig nützen. Der Baumsaft, der für die Aeste bestimmt ist, gelangt nur mit Mühe dahin, und die nur unvollständig ernährten Zweige beginnen zu welken und endigen mit Verdorren. Der Dünger und der Spaten sind die Gegenmittel dieses, wenn

est originel. Fumez bien, labourez de même, retranchez de vos arbres les branches les plus faibles, recouvrez d'onguent de St. Fiacre les plaies qu'aura nécessitées cette indispensable opération, qui ne doit être faite qu'au printemps, abattez les lichens, les mousses qui dévorent la tige, ne les effeuillez pas d'un ou deux ans, et vous les verrez reprendre une bonne partie de leur première vigueur.

La lèpre, le chancre, la carie, l'ulcère, l'asphixie, l'apoplexie, la pourriture des racines, sont autant de maladies plus ou moins meurtrières auxquelles les végétaux sont sujets, mais qu'on peut toutes prévenir en suivant les préceptes déjà indiqués, qu'on ne peut trop répéter, parce qu'ils doivent servir de base à la culture et à la réussite des mûriers. Ces préceptes ont été mis en pratique par presque tous les cultivateurs les plus distingués.

1.º Arrachez vos plants avec la plus grande précaution ; conservez leur autant de racines que possible, gardez-vous d'en retrancher volontairement celles que l'on nomme pivotantes ; plantez-les avec soin dans des

angeboren, unheilbaren Uebels. Man dünge und be=
arbeite gut, schneide die schwächsten Aeste vom Baume,
bedecke mit Baumpflaster die durch diese nothwendigen Maß=
regeln, die nur im Frühjahre vorgenommen werden dürfen,
veranlaßten Wunden, man entferne die Flechten und Moose,
die den Stamm aussaugen; nehme keine Blätter davon während
ein oder zwei Jahren, und man wird sie einen großen Theil
der frühern Kraft wieder erhalten sehen.

Der Aussatz, der Krebs, das Anfaulen, das Geschwür,
das Ersticken, der Schlagfluß, die Wurzelfäulniß sind eben so
viel mehr oder weniger mörderische Krankheiten, denen die
Pflanzen unterworfen sind; allein man kann sie sämmtlich ver=
meiden, wenn man die schon angezeigten Vorschriften befolgt,
die man nicht oft genug wiederholen kann, weil sie dem
Anbau und dem Gedeihen des Maulbeerbaums zur Grund=
lage dienen sollen. Diese Vorschriften sind durch beinahe
alle ausgezeichneten Landwirthe in Anwendung gebracht
worden.

1. Man nehme die Pflanzen mit der größten Vorsicht aus
dem Boden, erhalte ihnen soviel Wurzeln als möglich; man
hüte sich, die sogenannten Herzwurzeln abzuschneiden; pflanze

trous de quatre pieds carrés et de trois de profondeur, ouverts depuis trois ou quatre mois au moins, et dans lesquels vous aurez fait répandre une bonne couche de terre végétale.

2.º Ne commencez à les dépouiller de leurs feuilles qu'à leur sixième année, à partir de leur transplantation à demeure; ne les effeuillez pas tous les ans, et si vous le faites, n'oubliez pas de leur laisser une assez grande quantité de ces feuilles éparses qu'on nomme *papillons*.

3.º Ne les taillez pas de manière à leur enlever les dix-neuf vingtièmes de leurs pousses, mais élaguez-les comme nous l'avons dit plus haut.

4.º Ne les placez jamais dans un terrain contraire, tels que les marais, les prairies humides, etc. etc.

5.º Donnez leur d'assez fréquens labours pour les purger d'herbages et entretenir la terre dans l'état de fraîcheur que réclament les racines et qui leur est d'autant plus nécessaire qu'elles ont à réparer les pertes occasionnées par l'effeuillement.

sie sorgfältig in vier Fuß breite und drei Fuß tiefe Löcher, die wenigstens drei Monate vorher gegraben und mit einer hinlänglichen Menge Dammerde versehen sind.

2. Man beginne das Einsammeln der Blätter erst im sechsten Jahre, von der Festpflanzung der Bäume an gerechnet, entblättere sie nicht alle Jahre, und wenn man es thut, so vergesse man nicht, ihnen eine hinlängliche Menge der Blätter zu lassen, die man Doppelblätter nennt.

3. Man beschneide sie nicht dermaßen, daß ihnen neunzehn Zwanzigtheile ihrer Knospen genommen werden, sondern putze sie aus, wie wir oben es angegeben.

4. Man versetze sie niemals in ein schädliches Erdreich, als Sümpfe, feuchte Gründe u. s. w.

5. Man bearbeite häufig den Boden, um ihn von Unkraut zu reinigen und ihn in dem Zustande von Frische zu erhalten, welchen die Wurzeln verlangen und welcher ihnen um so nöthiger ist, als sie die durch das Entblättern verursachte Schwächung zu ersetzen haben.

6. Wenn man diesen Vorschriften Folge leistet, wird man die Pflanzungen vor den Krankheiten bewahren, welche die Eigenthümer von Maulbeerbäumen betrüben; die Ursache dieses

En vous conformant à ces indications, vous préserverez vos arbres des maladies qui désolent les propriétaires des mûriers; la cause de ces désastres provient presque toujours du peu de soin qu'on apporte aux pépinières et aux diverses transplantations, du trop précoce dépouillement des feuilles, de l'excès de la taille, du manque de culture, ou de l'impropriété du sol.

Unglücks kommt beinahe immer entweder von der wenigen Sorgfalt, welche man den Baumschulen widmet, oder von den verschiedenen Verpflanzungen, von dem allzufrühzeitigen Entblättern, von der Uebertreibung des Beschneidens, vom Mangel an Pflege oder von der Untauglichkeit des Bodens.

DE LA GREFFE DES MURIERS.

La greffe est un des plus admirables phénomènes que présente à nos yeux le règne végétal; mais comme l'homme abuse de tout, il a bientôt abusé de la greffe. Séduit par l'apparence, il a voulu obtenir de grandes feuilles d'un sujet qui ne pouvait en nourrir que de petites, et non seulement il a abrégé la vie de l'arbre, mais il en obtient une matière moins précieuse, et peu propre à le conduire au but qu'il s'était proposé. La grande feuille est infiniment inférieure à la petite, elle est moins soieuse et de plus difficile digestion pour les vers à soie; aussi est-il des vers qui n'en veulent pas, et souvent ceux qui en mangent ne réussissent que médiocrement, quelque soin qu'on en ait d'ailleurs.

Von dem Pfropfen der Maulbeerbäume.

Das Pfropfen ist eine der bewundernswürdigsten Erscheinungen, welche in unsern Augen das Pflanzenreich darbietet; aber wie der Mensch von Allem Mißbrauch macht, so that er es auch mit dem Pfropfen. Durch den Schein verführt, wollte er große Blätter ziehen von einem Gegenstande, der nur kleine ernähren konnte, und nicht allein hat er das Leben des Baumes abgekürzt, sondern er erhält auch von ihm einen weniger kostbaren Stoff, der wenig geeignet ist, ihn zu dem vorgesteckten Ziele zu führen. Das große Blatt taugt weit weniger, als das kleine; es ist weniger seidenstoffhaltend und für die Würmer schwerer zu verdauen. Auch giebt es Würmer, die nichts davon wollen, und oftmals gedeihen die, so davon essen, nur mittelmäßig, welche Sorge man ihnen außerdem auch angedeihen läßt.

La question de la greffe a divisé les plus habiles agronomes: *Davoure*, *Bosc* et d'autres, n'ont pas hésité à se déclarer contre la greffe. *Boitard*, *Rozier*, *Verri*, *Bonafous*, en prêchent, au contraire, la nécessité.

Il y a deux espèces de greffe qui sont le plus généralement adoptées pour le mûrier: c'est la greffe en flûte, et celle en écusson. La première, qui est la préférable et la plus répandue, consiste à prendre une jeune branche de l'année sur l'arbre dont on veut multiplier l'espèce; on en forme un petit tuyau avec son écorce qu'on détache, en la faisant tourner dans les doigts; mais il faut que ce petit tuyau soit muni d'un œil ou bourgeon qui commence à se gonfler. On le place ensuite sur une pousse de même grosseur du mûrier que l'on veut greffer, et qu'on aura eu soin de dépouiller de son écorce, afin que le petit tuyau s'adapte bien au bois, et que la sève que lui transmettront les racines de son nouvel hôte puisse exercer son influence sur le bourgeon dont il est pourvu. Quelques personnes ne détachent le petit tuyau qu'au

Die Frage des Pfropfens hat die geschicktesten Landwirthe unter einander getheilt. Davoure, Bosc und Andere haben nicht gezaudert, sich gegen das Pfropfen zu erklären. Boitard, Rozier, Verri, Bonafous rathen im Gegentheil dessen Nothwendigkeit.

Zwei Arten von Pfröpfen giebt es, die für den Maulbeerbaum am allgemeinsten angenommen sind: das Pfropfen mit dem Schößling und das Oculiren. Die erste Art, welche den Vorzug verdient und am meisten verbreitet ist, besteht darin, einen jungen jährigen Zweig auf den Baum zu pflanzen, dessen Art man vermehren will; man macht eine kleine Röhre mit dessen Rinde, die man abschält, indem man ihn in den Fingern dreht, aber diese kleine Röhre muß mit einem Auge oder einer Knospe versehen seyn, die im Treiben begriffen ist; man steckt sie hierauf auf einen gleich dicken Zweig des Maulbeerbaums, auf den man pfropfen will. Vorher muß die Rinde des Zweiges etwas abgeschält werden, damit die kleine Röhre sich gut an's Holz anschließe, und der Baumsaft, welchen ihm die Wurzeln seines neuen Wirthes zusenden, seinen Einfluß auf die Knospe ausüben kann, mit der sie versehen ist. Manche Personen lösen die kleine Röhre in der Art ab, daß

fur et à mesure que la place qui doit le recevoir est préparée. D'autres, au contraire, en portent un grand nombre de divers calibres dans un vase quelconque recouvert d'un linge mouillé, afin d'en prévenir la trop-prompte dissécation.

Un beau jour contribue beaucoup à la réussite de la greffe, la pluie ou le vent, dont les effets lui sont contraires, doivent être soigneusement évités.

La greffe en écusson, qu'on n'emploie guère que pour des sujets trop forts pour recevoir la greffe en flûte, s'opère en plaçant une petite lanière de jeune écorce, munie d'un bon œil, sur le bois du sujet à greffer, après l'avoir mis à nû au moyen d'une incision qui a la forme d'un T. Il faut ensuite recouvrir la greffe avec l'écorce du sujet greffé, la ramener à la place qu'elle occupait avant cette opération, et la fixer avec une ligature en fil de laine, de manière qu'elle soit à l'abri des influences atmosphériques, et que son bourgeon seul y soit exposé.

C'est le printemps qui convient le mieux pour la greffe; on peut greffer les jeunes mûriers de deux

der Platz, der sie aufnehmen soll, bereitet ist. Andere im Gegentheil bringen eine größere Anzahl von verschiedener Größe in irgend ein Gefäß, das mit einem nassen Tuche bedeckt ist, um die allzuschnelle Vertrocknung zu verhüten.

Ein schöner Tag trägt viel bei zum Gedeihen des Pfropfens; Regen und Wind müssen sorgfältig vermieden werden, da sie demselben entgegenwirken.

Das Oculiren, welches man wenig mehr als für Zweige anwendet, die zu stark sind, um die Pfropfröhre aufzunehmen, geschieht, indem man eine kleine Scheibe von junger, mit einem Auge versehener Baumrinde auf das Holz des zu pfropfenden Zweiges anbringt. Dieser wird entblößt vermittelst eines Einschnittes, der die Form eines T hat. Diese Blöße muß man hierauf wieder bedecken mit der Rinde des Pfropf=zweiges, die man wieder an denselben Platz anlegt, den sie zuvor einnahm. Hierauf wird sie mit einem Verband von wollenem Faden dergestalt zugebunden, daß sie vor dem Ein=flusse der Luft geschützt und nur allein das Auge ihr aus=gesetzt ist.

Am besten eignet sich das Frühjahr für das Pfropfen; man kann die jungen zweijährigen Maulbeerbäume pfropfen,

ans, en coupant leur tige à deux pouces de la racine et en y adaptant le tuyau muni du bourgeon. Cet âge est le meilleur pour la greffe en flûte.

DU MULTICAULE,

MURIER DES PHILIPPINES.

Le mûrier des Philippines possède l'immense avantage de pouvoir se reproduire par ses boutures; quelques pieds seulement suffisent pour les multiplier à l'infini. En coupant une petite branche de 8 à 10 pouces de longueur, et en la mettant à 4 ou 5 pouces en terre, elle prend parfaitement bien racine. Sa feuille capuchonnée est d'une grandeur énorme; elle atteint souvent jusqu'à 30 pouces de circonférence, et se conserve toujours

indem man das Stämmchen zwei Zoll über der Wurzel abschneidet, und die mit einem Auge versehene Röhre dort
anbringt; dieses Alter ist dem Pfropfen mit dem Reise am
günstigsten.

Vom Multicaulis,

dem Maulbeerbaum der Philippinen.

Der Maulbeerbaum der Philippinen besitzt den unermeßlichen
Vortheil, daß er durch Ableger fortgepflanzt werden kann;
einige Fuß allein genügen, um ihn in's Unendliche zu vermehren. Wenn man einen kleinen Zweig von 8 bis 10 Zoll
Länge abschneidet und 4 bis 5 Zoll tief in die Erde steckt,
so schlägt er vortrefflich Wurzel. Sein haubenartiges Blatt ist
von ungeheurer Größe, es erreicht oft einen Umfang von

fine et tendre, ce qui facilite les éducateurs de vers à soie, qui veulent faire plusieurs récoltes, à faire la seconde et troisième éducation de vers sans inconvéniens, car les jeunes vers la mangent avec plaisir.

La qualité de la feuille du multicaule n'est en aucune manière aussi bonne, aussi soieuse et aussi substantielle que celle du sauvageon. Elle est aqueuse et donne aux vers qui s'en nourrissent peu de consistance, peu de soie, les rend moux et pleins d'aquosités. Les expériences que nous avons faites en nourrissant nos vers avec des feuilles de Philippines, nous ont toutes démontré que cette feuille est bonne seulement pour le premier âge du ver à soie; plus tard le ver a besoin d'une nourriture plus solide, et plus il avance en âge, plus il acquiert de force, plus on devra le nourrir avec des feuilles de mûriers âgés, qui présentent de la consistance et qui sont infiniment préférables.

Nous ne partageons pas l'opinion de M. Bonafous de Turin, sur le multicaule, et nous ne croyons pas, comme lui, qu'elle produise une soie plus fine et aussi nerveuse que celle du sauvageon.

30 Zoll; es erhält sich immer fein und zart, was die Seiden=
bauwirthe, die mehrere Ernten machen wollen, sehr erleichtert,
die zweite und dritte Würmerzucht ohne Nachtheil zu voll=
ziehen, denn die jungen Würmer fressen es mit Vergnügen.

Der Gehalt eines Blattes vom Multicaulis ist in keiner
Hinsicht so gut, so seidenstoffhaltend und nahrhaft, als der=
jenige des Wildlings. Es ist wässerig und giebt den sich davon
nährenden Würmern wenig Tauglichkeit, wenig Seidenstoff,
macht sie weichlich und voll Wässerigkeit. Die Erfahrung, die
wir gemacht haben, indem wir unsere Würmer mit Philippinen=
blättern nährten, hat uns gezeigt, daß dieß Blatt nur für
das erste Alter der Seidenraupe tauglich ist; später hat die
Raupe eine kräftigere Nahrung nöthig, und je mehr sie im
Alter vorrückt, desto stärker wird sie und desto mehr muß man
sie mit Blättern von ältern Maulbeerbäumen füttern, Blätter,
die Gehalt haben und weitaus den Vorzug verdienen.

Wir theilen nicht die Ansicht des Hrn. Bonafous von
Turin über den Multicaulis, und wir glauben nicht, wie er,
daß er eine feinere und ebenso so nervige Seide erzeugt, wie
der Wildling.

Der Multicaulis paßt wenig für den Himmelsstrich der

Le multicaule ne convient guère au climat de la Suisse; cette espèce de mûrier est infiniment plus sensible au froid que les autres, et ce ne serait qu'avec beaucoup de précautions qu'on pourrait parvenir à la mettre à l'abri des fortes gelées qui l'attaquent ordinairement jusqu'aux racines.

Voici cependant ce qu'en dit M. Bonafous, célèbre agronome, à qui la culture du mûrier et l'art d'élever les vers à soie doivent plusieurs améliorations.

« Le mûrier des Philippines *(morus cucullata, nob. m. multicaulis per.)* fut à peine introduit en Europe, que les cultivateurs comprirent combien sa propagation pouvait être utile. A l'avantage de produire une soie plus fine et aussi nerveuse que celle du ver à soie nourri de toute autre espèce de feuille, ce mûrier joint celui d'offrir des résultats presque immédiats, et de pouvoir se multiplier à l'infini dans très-peu de temps. Ses longues tiges, coupées par morceaux, prennent racine aussi facilement que des boutures de saule ou de peuplier, et forment, dès la même année, autant

Schweiz; diese Art Maulbeerbaum ist weit mehr dem Froste zugänglich, als die übrigen, und nur mit äußerster Vorsicht kann man sie vor starker Kälte bewahren, die sie gewöhnlich bis auf die Wurzel angreift.

Wir erwähnen indessen hierüber die Meinung des Herrn Bonafous, eines berühmten Landwirths, dem die Zucht des Maulbeerbaums und der Seidenraupen mehrere sehr wichtige Verbesserungen verdankt.

„Der Maulbeerbaum der Philippinen (morus cucullata nob. morus multicaulis per.) war kaum in Europa eingeführt, als die Landwirthe einsahen, wie sehr seine Verbreitung nütz= lich werden könne. Mit dem Vortheil, eine feinere und eben so nervige Seide zu erzeugen, wie die des Seidenwurms, der mit ganz anderer Blätterart gefüttert wird, verbindet dieser Maulbeer= baum auch denjenigen, beinahe unmittelbare Nutznießung darzu= bieten, und sich in kurzer Zeit in's Unendliche fortzupflanzen. Seine langen, in Stücke zerschnittene Stämme fassen ebenso leicht Wurzel, als die Ableger von Weiden oder Pappeln, und bilden von demselben Jahre an ebenso viele Stämme, welche schon eine Ernte geben, deren höchster Reichthum in wenig Jahren erreicht wird. Der weiße Maulbeerbaum dagegen, obgleich anderen Arten

de sujets qui donnent déjà un produit dont le *maxi-mum* est atteint peu d'années après.

Le mûrier blanc, au contraire, quoique plus recommandable à d'autres titres, et quelle que soit la variété que l'on cultive, a l'inconvénient de demander un plus grand nombre d'années avant de présenter des produits susceptibles de couvrir les frais de pro-duction. Une fois en plein rapport, cet arbre donne, il est vrai, une rente supérieure à celle de tout autre culture en général; mais toujours est-il certain que sa lenteur répond mal à l'impatience des culti-vateurs.

Or, si le mûrier blanc fournit une feuille plus substantielle, plus riche en principes soieux, plus propre à conserver sa fraîcheur lorsqu'elle est cueillie, et offrant moins de prise au vent que la feuille mince et capuchonnée du mûrier des Philippines, et si ce dernier est réellement doué d'une faculté reproductive qui permet de le multiplier indéfiniment et sans frais, pour ainsi dire, dès qu'on est en possession de quelques pieds, j'ai cru qu'il était facile de communiquer cette

vorzuziehen, wie auch die Verschiedenheit seyn möge, in der man ihn baut, hat den Nachtheil, eine größere Reihe von Jahren zu verlangen, ehe er ein Erzeugniß liefert, das im Stande ist, die Kosten des Anbau's zu ersetzen. Einmal in voller Kraft, giebt dieser Baum, es ist wahr, eine im Allgemeinen jeder andern überlegene Ernte, aber immer ist es gewiß, daß seine Langsamkeit der Ungeduld des Pflegers übel entspricht.

Uebrigens, wenn der weiße Maulbeerbaum ein nahrhafteres seidenstoffreicheres Blatt liefert, das geeigneter, seine Frische nach dem Pflücken zu behalten, und weniger dem Winde ausgesetzt ist, als das dünne und hohle Blatt des philippinischen Maulbeerbaums, und wenn dieser letztere wirklich mit einer Wiedererzeugungskraft begabt ist, die erlaubt, ihn in's Unendliche fortzupflanzen und dieß so zu sagen ohne Kosten, sobald man im Besitze einiger Fuß ist, so glaube ich, daß es leicht wäre, diese Eigenschaft dem weißen Maulbeerbaume mitzutheilen, indem man den Maulbeerbaum der Philippinen an seiner Fortpflanzung Theil nehmen läßt.

Das Verfahren, das ich anwandte, um diesen Erfolg zu erhalten, kann von allen Landwirthen ausgeübt werden. Anstatt den weißen Maulbeerbaum durch den allzulangsamen Weg des Ansäens, oder durch denjenigen der Schößlinge, wozu er nur

propriété au mûrier blanc, en faisant concourir le mûrier des Philippines à sa propagation.

Le procédé que j'ai employé pour atteindre ce résultat, est à la portée de tous les cultivateurs. Au lieu de multiplier le mûrier blanc par la voie trop lente des semis, par celle des boutures à laquelle il se prête difficilement, ou par provinage, j'ai greffé des Philippines provenus de boutures faites l'année précédente et recépées, au moment de l'opération, à deux ou trois pouces au-dessus du sol, et en second lieu, sur les tiges retranchées de ces mêmes boutures, et coupées par morceaux de sept à huit pouces, que je plantai immédiatement après avoir greffé chacune de ces boutures. Les greffes exécutées sur les boutures enracinées formèrent, dans une année, des tiges de cinq à six pieds de longueur sur trois à quatre pouces de circonférence; celles faites sur les tiges détachées de la plante dépassèrent tout ce qu'on peut attendre des pourrettes de quatre à cinq ans de semis.

Dans ce nouveau mode de multiplication, deux

schwer sich hergiebt, oder durch Senklinge, zu vervielfältigen,
habe ich Philippinen gepfropft, die aus im vorhergehenden Jahre
gemachten Schößlingen erzeugt waren, und die im Augenblicke
der Operation zwei oder drei Zoll über dem Boden abgeschnitten
wurden, und hernach auf die von den gleichen Schößlingen
abgeschnittenen, in Stücke von sieben bis acht Zoll zertheilten
Stämmchen, welche ich sogleich pflanzte, nachdem ich jeden dieser
Schößlinge gepfropft. Die auf eingewurzelte Schößlinge an-
gebrachten Pfropfreise bildeten in einem Jahre Stämme von fünf
bis sechs Fuß Länge auf drei bis vier Zoll Breite; diejenigen
welche auf die von der Pflanze abgelösten Stämme gepfropft
waren, übertrafen alles, was man von vier- bis fünfjährigen
Samenschößlingen erwarten kann.

In dieser neuen Art der Fortpflanzung sind mir hauptsächlich
zwei Arten von Pfropfen gelungen: das Oculiren und das
Pfropfen mit dem Reise.

Das erstere, rascher von Statten gehend, geschieht im Frühjahre, wenn der Saft des Maulbeerbaums weiß wird; indem
man, wie bekannt, auf die Rinde des Stammes zwei Einschnitte
macht; den einen senkrecht, den andern wagerecht am einen
oder andern Ende des ersteren. Hierauf legt man zwischen die

sortes de greffe m'ont particulièrement réussi. La greffe en écusson et celle en flûte ou chalumeau.

La première, plus expéditive, s'opère au printemps, quand la sève du mûrier blanchit, en faisant, comme on sait, sur l'écorce du sujet deux incisions: l'une perpendiculaire et l'autre horizontale, au sommet ou à la base de celle-ci. On insère ensuite entre l'écorce et l'aubier une petite plaque d'écorce garnie d'un œil, empruntée à l'arbre que l'on veut propager. Puis, il suffit de rapprocher les deux lèvres de l'incision verticale, en les liant de manière à ne laisser que l'œil de la grffe à découvert.

La seconde espèce de greffe, quoique moins usitée, est d'une réussite plus certaine. Lorsque l'état de la sève permet de détacher l'écorce du mûrier avec facilité, on taille l'extrêmité de la bouture ou de la portion de tige destinée à recevoir la greffe; on fend l'écorce en sept ou huit lanières, sur une longueur de deux pouces au-dessous de la coupe. On prend sur l'arbre que l'on désire multiplier un anneau d'écorce muni d'un œil et dont le diamètre coïncide

Rinde und den Splint (faserige Rinde) ein kleines, mit einem Auge versehenes Stück Rinde von dem Baume, den man fortpflanzen will. Hierauf genügt es, die beiden Endstücke des Doppeleinschnittes einander wieder zu nähern, indem man sie so verbindet, daß nur das eingestopfte Auge offen liegt.

Die zweite Art des Pfropfens, obgleich weniger im Gebrauch), ist von gewisserem Erfolge. Wenn der Zustand des Baumsaftes erlaubt, die Rinde des Maulbeerbaums mit Leichtigkeit abzulösen, schneidet man das äußerste Ende des Schößlings oder des Theiles vom Stamm, der das Pfropfreis aufnehmen soll; man spaltet die Rinde in sechs oder acht schmale, lange Riemen bis zur Länge von zwei Zoll unterhalb des Abschnittes. Man nimmt von dem Baume, den man zu vermehren wünscht, einen Ring von Rinde, die mit einem Auge versehen ist und dessen Durchmesser jenem des Stammes gleich ist. Man bringt diesen Ring ohne weitern Verband dadurch an, daß man ihn, so viel wie möglich, über den entblößten Theil des Stammes zwischen die Rinderiemen einstreift, deren Ende den Einhaltspunkt bezeichnet.

avec celui du sujet. On ajuste cet anneau sans aucune ligature, en le descendant autant que possible sur la partie dénudée de ce dernier, entre les lanières corticales, dont la base forme un point d'arrêt.

Cent boutures, par exemple, de mûrier des Philippines, ayant à leur deuxième année, selon la bonté du sol, quatre à cinq tiges, peuvent fournir, à leur tour, plus de deux mille boutures propres à être greffées de l'une ou de l'autre manière.

Telle est l'exposition d'une méthode qui, en offrant un moyen facile d'avancer de plusieurs années la croissance du mûrier commun et de le multiplier rapidement, assure au mûrier des Philippines un nouveau titre à la faveur dont il jouit.»

Nous avons essayé, dans nos pépinières, la méthode que M. Bonafous vient de décrire, en greffant le mûrier blanc ordinaire sur des boutures de Philippines. Plusieurs nous ont réussi, quelques unes ont manqué. Reste maintenant à savoir si ceux qui ont réussi trouveront dans la bouture de la Philippine assez de racines pour nous donner des arbres

Zum Beispiele, hundert Schößlinge vom Maulbeerbaume der Philippinen, die in ihrem zweiten Jahre, je nach der Beschaffenheit des Bodens, vier bis fünf Stämme haben, können ihrerseits mehr als zweitausend Schößlinge liefern, die geeignet sind, auf eine oder die andere Art gepfropft zu werden.

Dieß ist die Darstellung eines Verfahrens, welches, indem es ein leichtes Mittel darbietet, den Wachsthum des gewöhnlichen Maulbeerbaums um mehrere Jahre zu beschleunigen, dem Maulbeerbaum der Philippinen einen neuen Anspruch auf die Gunst giebt, der er schon genießt."

Wir haben in unsern Baumschulen das Verfahren versucht, welches Hr. Bonafous hier beschreibt. Wir haben den gewöhnlichen weißen Maulbeerbaum auf Schößlinge des philippinischen gepfropft. Mehrere sind uns gelungen, einige schlugen fehl. Es bleibt nun zu wissen übrig, ob diejenigen, die angegangen sind, in den Schößlingen des philippinischen Maulbeerbaums so viel Wurzel finden, um uns starke, kräftige Bäume zu liefern, wie der Weg des Säens sie uns gewährt, und um

forts et vigoureux, comme la voie des semis nous
les donne, et capables de résister aux fortes gelées
que nous avons en Suisse.

C'est ce que nous nous empresserons de communiquer à nos abonnés.

dem starken Froste zu widerstehen, den wir in der Schweiz haben.

Dieß werden wir uns beeilen, unsern Abonnenten mitzutheilen.

[illegible]

[illegible] [illegible] [illegible], [illegible] [illegible] [illegible]

[illegible]

[illegible] [illegible] [illegible] [illegible] [illegible]

[illegible]

SECONDE PARTIE.

L'ART D'ÉLEVER

LES

VERS A SOIE.

Zweite Abtheilung.

Die Kunst

der

Seidenwürmerzucht.

LE VER A SOIE.

C'est de la Chine que nous vient le ver à soie; il a été importé en Europe l'an 530 de l'Ère chrétienne.

Cette précieuse chenille a le corps plus ou moins allongé; elle est formée dans sa longueur de douze anneaux membraneux parallèles, lesquels, dans le mouvement de l'animal, s'éloignent et se rapprochent alternativement. Elle a la tête écailleuse, munie de deux mâchoires très-fortes, faites en forme de scie,

Der Seidenwurm.

Der Seidenwurm stammt aus China; um das Jahr 530 der christlichen Zeitrechnung ist er in Europa eingeführt worden.

Diese kostbare Raupe hat einen mehr oder weniger länglichen Körper; der Länge nach ist sie gebildet von zwölf gleichlaufenden Hautringen, die bei der Bewegung des Thieres sich wechselsweise ausdehnen und einander nähern. Sie hat einen schuppichten Kopf, der mit zwei sehr starken Kinnbacken versehen ist, die sägenartig gestaltet sich wagerecht bewegen. Unter der Kinnlade befindet sich die Fadenöffnung durch welche

qui se meuvent horizontalement. Sous la machoire se trouve placée la filière par laquelle chaque chenille verse la matière soieuse.

Elle n'a jamais moins de huit pattes, ni plus de seize; elle respire par le moyen de dix-huit ouvertures qui se distribuent sur chaque côté du corps; les ouvertures sont marquées par autant de points noirs, dont deux à la tête, et un au dessus de chaque patte; ce sont ses organes exhalans et aspirans.

La peau du ver à soie, qui paraît *couleur chatain* au moment où il vient d'éclore, s'approche journellement du *blanc sâle* qu'elle atteint deux ou trois jours avant sa maturité.

Le ver à soie change quatre fois de peau pendant sa vie. Ces changemens portent le nom de *mues*; ils s'annoncent par un dégoût que précède toujours un appétit vorace; chacune de ces mues est une maladie qui souvent en fait périr un grand nombre.

La peau de cet insecte, qui en très-peu de temps croit mille fois son poids, aurait difficilement pû se distendre au point de le recouvrir en entier; aussi la

jede Raupe den Seidenstoff zu Tage fördert. Sie hat niemals weniger als acht, und mehr als sechszehn Füße; sie athmet vermittelst achtzehn Oeffnungen, die an jede Seite des Körpers vertheilt sind; diese Oeffnungen sind durch eben so viel schwarze Punkte bezeichnet, wovon zwei am Kopfe und einer oberhalb jedes Fußes befindlich ist; es sind dieß die Werkzeuge zum Aus- und Einathmen.

Die Haut der Seidenraupe, die im Augenblicke des Ausschlüpfens kastanienbraun scheint, nähert sich täglich mehr dem Schmutzig-weißen, welches sie zwei oder drei Tage vor ihrer Reife erhält.

Die Seidenraupe wechselt vier Mal die Haut während ihres Lebens. Dieser Wechsel heißt das Abhäuten; er kündigt sich durch ein Uebelbefinden an, dem immer ein gefräßiger Hunger vorangeht; jedes Abhäuten ist eine Krankheit, an der häufig eine große Anzahl stirbt.

Die Haut dieses Insekts, welches in sehr kurzer Zeit um das Tausendfache seines Gewichtes wächst, hätte nur schwer sich dermaßen ausbreiten können, daß sie es vollständig bedeckte; auch hat die vorsichtige Natur für jede Häutungszeit an seinem Körper eine Umhüllung angeordnet. Da das Thier

nature, dans sa prévoyance, a-t-elle disposé sur son corps une enveloppe pour chaque mue. L'animal croissant plus que sa peau ne peut se distendre, elle tombe et se trouve remplacée par la seconde qui est plus molle; celle-ci se détache de la même manière que la première, et se trouve bientôt suivie d'une troisième, et ainsi de suite. A cette époque de la vie du ver à soie, la nature provoque en lui une crise favorable : il sécréte par la transpiration une humeur acqueuse qui s'interpose entre la peau ancienne et la nouvelle, et facilite le passage du corps. La surface de l'animal est alors humide.

Le sang du ver à soie n'est ni rouge ni chaud; aussi sa chaleur est-elle toujours égale à celle de l'air qu'il respire. Il a immédiatement au-dessus de la tête deux réservoirs destinés à élaborer la matière soieuse, qui en sort ensuite par une petite filière, quand le ver fait son cocon.

La finesse de la soie dépend de la dimension de la filière, et celle-ci de la chaleur qu'éprouve l'insecte à sa maturité. Ainsi, ce n'est pas seulement

mehr wächst, als seine Haut sich ausbreiten kann, so fällt diese ab, und findet sich durch eine zweite, weichere ersetzt; diese schält sich auf die nämliche Weise ab, wie die erstere, und ist bald von einer dritten gefolgt, und so fort. Bei dieser Lebensepoche des Seidenwurms schafft die Natur in ihm eine günstige Erscheinung; vermittelst der Ausdünstung sondert er nämlich eine wässerige Feuchtigkeit ab, die zwischen der alten und neuen Haut sich festsetzt und den Durchgang des Körpers erleichtert. Die Oberfläche des Thieres ist alsdann feucht.

Das Blut des Seidenwurms ist weder roth, noch warm; auch ist seine Wärme stets jener der Luft gleich, die er ein= athmet. Unmittelbar oberhalb des Kopfes hat er zwei zur Ausarbeitung des Seidenstoffes bestimmte Behälter. Wenn der Wurm sich einpuppt, kommt der Faden aus einer kleinen Oeffnung hervor.

Die Feinheit der Seide hängt von der Ausdehnung der Fadenöffnung ab, und diese von der Wärme, welche das Insekt bei seiner Reife empfindet. Also nicht allein von dem Futter, das man dem Wurm giebt, sondern auch von der Beschaffenheit der Luft, in der er zur Zeit seiner Einpuppung unterhalten wird, wird die Güte der Seide bedingt.

de la nourriture qu'on donne au ver, mais encore de la température où on l'entretient quand il file son cocon, que dépend la qualité de la soie.

La dernière mue étant accomplie, le ver à soie mange, pendant un certain nombre de jours, une quantité preque incroyable de feuilles, et se porte à son plus grand degré d'accroissement. Parvenu à ce point, son appétit se ralentit, puis cesse entièrement; il perd alors sensiblement de son poids et de son volume; dégoûté de ses aliments, il cherche à changer de lieu, à s'isoler, à se mettre en repos; il sent le besoin de rejeter toutes les matières excrémentielles qui existent dans ses organes, et même la membrane qui les enveloppait, et qui servait de doublure à l'estomac et à l'intestin; alors il ne reste plus de l'animal que la substance soieuse, avec plus ou moins d'eau.

Il y aurait, sans doute, bien des choses à dire sur cette précieuse chenille, si s'on voulait minutieusement en décrire l'histoire naturelle; mais notre but est seulement de la suivre pas à pas depuis sa naissance

Ist das letzte Abhäuten vollendet, so frißt der Seiden=
wurm während einer gewissen Reihe von Tagen eine fast
unglaubliche Menge Blätter und gelangt auf die höchste Stufe
des Auswachsens. Von da an mindert sich sein Hunger
und hört sodann gänzlich auf; er verliert nun merklich von
seinem Gewicht und seinem Umfange; aus Eckel an seiner
Nahrung sucht er seinen Platz zu ändern, sich bei Seite
und zur Ruhe zu begeben; er fühlt das Bedürfniß, alle
Stoffe von Unrath, die in seinem Körper sich befinden, und
selbst die Haut, die sie umgiebt, und welche dem Magen und
den Eingeweiden als Futter diente, auszuwerfen, hierauf
bleibt von dem Thiere nichts, als der Seidenstoff mit mehr
oder weniger Wasser.

Es wäre zweifelsohne noch viel über diese kostbare Raupe
zu sagen, wenn man deren Naturgeschichte auf's Genaueste be=
schreiben wollte; aber unsere Aufgabe ist nur die, sie Schritt
für Schritt, von ihrer Geburt an bis zu dem Augenblicke zu ver=
folgen, wo sie Schmetterling wird, ihre verschiedenen Lebensalter
mit Genauigkeit anzugeben, besonders aber die Pflege, welche
sie während ihres kurzen und merkwürdigen Daseyns verlangt.

jusqu'au moment où elle devient papillon; d'indiquer ses différents âges avec précision, et surtout les soins qu'elle demande pendant sa courte et intéressante existence.

MANIÈRE DE FAIRE ÉCLORE LES OEUFS DES VERS A SOIE.

C'est dans les premiers jours de juin qu'il convient le mieux pour la Suisse de mettre éclore les œufs de vers à soie. Rarement la pousse des mûriers se fait en avril ou en mai. Or, il est essentiel que la naissance du ver se combine avec celle de la feuille; il ne faut pas donner aux jeunes vers de la feuille trop avancée, trop dure; car elle serait pour leurs jeunes estomacs de trop difficile digestion. De là, les maladies qui font tant de ravages dans les *magnanières*, et les pertes qui en résultent.

Art, die Eier der Seidenwürmer auszubrüten.

Die ersten Tage des Brachmonats sind es, die für die Schweiz am besten geeignet sind, die Eier der Seidenraupen ausbrüten zu lassen. Selten findet der Trieb des Maulbeerbaums im April oder Mai Statt. Es ist indessen wesentlich, daß die Geburt der Seidenraupe mit der Erscheinung des Blattes zusammenfalle; man darf den jungen Würmern kein schon älteres, und zu hartes Laub geben, denn die Verdauung wäre für ihre jungen Magen zu schwer. Hieraus erklären sich die Krankheiten, die in den Raupensälen so viele Verwüstung anrichten, und die Verluste, die von ihnen herrühren.

Da die Maßregel, deren Endzweck die Geburt der Seidenwürmer ist, im höchsten Grade wichtig ist, und sie am meisten auf deren Gedeihen einwirkt, so ist es von der

Comme l'opération qui a pour but la naissance des vers à soie est des plus importantes, et qu'elle influe le plus sur leur réussite, il sera de toute né-céssité d'y apporter les plus grands soins.

Plusieurs personnes ont longtemps employé, pour l'incubation des œufs de vers à soie, la chaleur des fumiers, des lits, des cuisines et autres lieux. D'autres ont fait éclore les vers à soie par le moyen de la chaleur humaine. Dans ce cas, on plaçait la graine dans des petis linges, par petites quantités. Mais toutes ces méthodes fort anciennes présentent l'incon-vénient de ne pouvoir founir une chaleur toujours égale, et de n'offrir aucun moyen de sécher la transpiration qui s'exhale de la graine; de plus, la graine reste toujours trop amoncelée, et les vers à soie, une fois éclos, se fatiguent à monter les uns au dessus des autres, s'épuisent et se trouvent quelques fois étouffés par le nombre.

Nous ne conseillerons pas non plus les *fourneaux hydrauliques* dont plusieurs personnes se servent; c'est un instrument de fer blanc : la graine est placée dans

größten Nothwendigkeit, die genaueste Sorgfalt darauf zu verwenden.

Verschiedene Personen haben für die Ausbrütung der Eier der Seidenwürmer die Wärme des Mistes, der Betten, der Küchen und anderer Orte angewendet, Andere haben die Seidenwürmer vermittelst der menschlichen Wärme zum Auskriechen gebracht. In diesem Falle legte man die Eier in geringer Anzahl in kleine Tücher. Aber alle diese sehr alten Verfahrungsarten haben den Nachtheil, keine sich stets gleiche Wärme darbieten zu können und kein Mittel zu besitzen, die von den Eiern ausgehende Ausdünstung zu trocknen; überdieß bleiben die Eier zu sehr auf einander gehäuft, so daß die Seidenwürmer, wenn sie einmal ausgeschlüpft sind, über einander kriechen, sich ermüden, erschöpfen und manchmal durch die Menge erstickt werden.

Wir rathen eben so wenig die hydraulischen (mit Wasser erwärmten) Oefen an, deren mehrere Personen sich bedienen. Es sind dieses Werkzeuge von Blech; die Eier werden darein in Schubladen gelegt, die die zur Ausbrütung nöthige Wärme vermittelst einer kleinen Lampe erhalten, die eine gewisse Menge Wasser erwärmt. Aber die also

des tiroirs qui reçoivent la chaleur nécessaire à l'éclosion au moyen d'une petite lampe qui échauffe une certaine quantité d'eau. Mais la graine ainsi enfermée ne peut transpirer librement, et les miasmes de la transpiration ne peuvent être dissipés par un air pur et sec.

C'est dans les étuves, ou serres chaudes, semblables à celles que les jardiniers emploient pour obtenir des fleurs en hiver, que l'éclosion se fait le plus convenablement; ils subissent tous ensemble les mêmes conditions, et quelqu'en soit le nombre, les vers arrivent presque tous en même temps.

Cette étuve consiste en une petite chambre de douze pieds sur toutes les faces, avec un poêle sur un des côtés ou dans le milieu, fait en terre cuite ou bien avec des briques extrêmement légères, qui puisse être chauffé avec peu de combustible et qui garde la chaleur autant que possible. On place dans cette chambre deux thermomètres pour s'assurer que la chaleur est égale partout.

Quant à la préparation des œufs à éclore, il est d'abord de toute nécessité qu'ils aient été bien fécondés.

eingeschlossenen Eier können nicht frei ausdünsten und die üblen Stoffe der Ausdünstung können nur durch eine reine und trockene Luft zerstreut werden.

In Trockenöfen oder warmen Treibhäusern, denen ähnlich, welche die Gärtner anwenden, um Blumen im Winter zu erziehen, geht die Ausbrütung am besten von Statten. Sie findet durchaus unter den gleichen Bedingungen Statt, und die Raupen kriechen beinahe alle zu gleicher Zeit aus, wie groß auch ihre Menge seyn mag.

Ein solcher Trockenofen besteht in einem kleinen, zwölf Fuß langen und eben so breiten Zimmer, mit einem auf einer der Seiten oder in der Mitte befindlichen Ofen, der von Porzellan oder äußerst leichten Backsteinen verfertigt, mit wenig Brennstoff geheizt werden kann, und die Wärme lange hält. Um sich zu versichern, daß die Wärme überall gleich sei, bringt man in dieses Zimmer zwei Thermometer.

Hinsichtlich der Vorbereitung der Eier zum Ausbrüten, so ist vor Allem von der höchsten Nothwendigkeit, daß sie gut befruchtet sind. Besonders wichtig ist es, sie bei der Annäherung des Frühjahres an einem kühlen, aber vor Feuchtigkeit geschützten Orte aufzubewahren.

Il importe surtout de les tenir, aux approches du printemps, dans un endroit frais, mais à l'abri de l'humidité.

Lorsque vous verrez vos mûriers pousser leurs bourgeons, et que les feuilles commencent à se former, retirez vos œufs de l'endroit où ils auront été déposés; mettez-les dans une boëte, ou un couvert de boëte, de sorte que les bords n'aient guère plus d'un pouce de hauteur, qu'ils soient clairsemés afin de prévenir l'entassement qui leur est toujours nuisible. Placez ensuite votre boëte dans la chambre chaude, où vous aurez eu soin de mettre deux assiettes remplies d'eau, afin que l'air n'y soit pas trop sec; pour le premier et le second jour, la chaleur de la chambre doit être de 12 à 15 degrés Réaumur; il faut ensuite la faire monter d'un degré par chaque jour jusqu'à l'éclosion des œufs, ce qui arrive presque toujours le dixième ou douzième jour. On s'aperçoit de la maturité de l'œuf lorsqu'il prend la couleur du blanc mat; alors le ver se trouve tout formé et prêt à éclore; on peut le distinguer très-facilement avec la loupe. On place sur les œufs un papier blanc percé d'une multitude de petits trous

Wenn man die Maulbeerbäume ihr Laub treiben sieht, und die Blätter anfangen sich zu bilden, nimmt man die Eier von ihrem Aufbewahrungsorte weg, legt sie in eine Schachtel oder einen Schachteldeckel, dessen die Seitenwände wenig mehr als einen Zoll Höhe haben und worin der Samen dünn gestreut ist, um die stets schädliche Uebereinanderhäufung zu vermeiden. Hierauf stellt man die Schachtel in das erwärmte Zimmer, wohin man vorher zwei Teller mit Wasser gebracht hat, damit die Luft nicht allzutrocken sei; am ersten und zweiten Tage soll die Wärme des Zimmers 12 bis 13 Grad Reaumür betragen; sodann aber läßt man sie täglich einen Grad ansteigen bis zum Auskriechen der Würmer, was beinahe immer den zehnten oder zwölften Tag eintrifft. Die Zeitigkeit des Ei's erkennt man an der matt-weißen Farbe, die es annimmt; die Raupe ist nun ganz gebildet und zum Ausschlüpfen bereit; man kann sie leicht durch das Vergrößerungsglas unterscheiden. Man legt auf die Eier ein weißes Papier, das mit einer Menge kleiner, mit einem hohlen Stahle gemachter Löcher versehen ist, auch kann man sich hierbei Stücken von sehr hellem Canevas bedienen; auf das Papier oder den Canevas legt

pratiqués avec un emporte-pièce; on peut aussi employer des morceaux de canevas très clairs; on pose sur le papier ou canevas de petites branches de jeune mûrier; lorsque le ver est éclos, il passe à travers les petits trous, et monte sur les branches de mûrier. Le premier jour, les vers qui montent sur le papier sont fort souvent très peu nombreux; il vaut mieux se débarasser de ceux là pour attendre le grand nombre qui arrive deux jours après, parce que les premiers, étant plus avancés, finiraient par troubler l'ordre de toute l'éducation. On fera bien aussi de jeter les derniers nés.

La méthode qui consiste à ne pas détacher les œufs du linge où le papillon les a déposés, et à les faire éclore en exposant ce linge à la chaleur, est la meilleure de toutes; car il est évident que lorsqu'on racle les œufs du linge pour les mettre dans la boëte, ils éprouvent toujours plus ou moins de froissement, sont plus ou moins meurtris, ce qui les détériore, les rend difficiles à l'éclosion, et amènerait des vers maladifs ou peu vigoureux.

Il est aussi essentiel d'observer que pour avoir des

man kleine Aestchen von jungen Maulbeerbäumen; ist der Wurm ausgeschlüpft, kriecht er durch die kleinen Löcher und steigt auf die Aestchen. Am ersten Tage kommen oftmals nur sehr wenige Würmer auf das Papier; man thut am besten, sich dieser zu entledigen, um die größere Menge abzuwarten, die zwei Tage nachher ankommt. Die ersteren mehr vorgerückten würden zuletzt die Ordnung der ganzen Zucht stören. Auch die zuletzt gebornen zu entfernen, ist räthlich.

Das Verfahren, nach welchem man die Eier von dem Tuche, wohin sie der Schmetterling gelegt, nicht abnimmt, sondern sie ausbrüten läßt, indem man dieses Tuch der Wärme aussetzt, ist das beste von allen; denn es ist sicher, daß durch das Abkratzen der Eier vom Tuche in die Schachtel, sie stets mehr oder weniger gerieben oder verletzt werden; dieß verdirbt sie, macht sie untauglicher zur Ausbrütung, und verursacht kränkliche oder schwächliche Raupen.

Eine vorzügliche Bemerkung ist diejenige, daß man, um gleiche Raupen zu gewinnen, die zur nämlichen Zeit geboren werden und heranwachsen, die Eier nehmen soll,

vers égaux qui naissent et croissent ensemble, on doit prendre les œufs que les différents papillons auront déposés le même jour.

La manière de faire éclore les œufs est une des premières garanties de la réussite de toute l'éducation. Il importe surtout, nous le répétons, qu'ils soient tous nés du même jour et dans des conditions favorables ; sans cela, on les verrait maladifs pendant tout le reste de leur vie, ce qui ne manquerait pas de dégoûter les personnes qui en sont à leurs premiers essais. A cet effet, et dans le but de prévenir ce désappointement à nos abonnés, nous croyons devoir les prévenir qu'ils pourront se procurer à Basel-Augst, à la *magnanière modèle*, la quantité de vers à soie déjà éclos qu'ils désireront ; il faudra seulement qu'ils en préviennent *l'administration au moins un mois à l'avance, c'est à dire, dans les premiers jours de mai.*

Les vers nouvellement éclos seront enfermés dans des boëtes faites exprès, et pourront, sans difficulté et sans crainte d'accidents, supporter un voyage de 24 heures au moins. Les soins que l'établissement a mis

welche die verschiedenen Schmetterlinge an einem Tage gelegt haben.

Eine der sichersten Bürgschaften für das Gelingen der ganzen Zucht ist die Art der Ausbrütung der Eier. Wir sagen nochmals, daß es vor Allem wichtig ist, daß die Würmer alle am nämlichen Tage und unter günstigen Umständen geboren werden; wäre dieß nicht der Fall, so würde man sie während ihres ganzen Lebens kränklich sehen, wodurch die Leute, welche damit ihren ersten Versuch machen, unfehlbar abgeschreckt würden. Bei dieser Thatsache und in der Absicht, unsere Abonnenten vor dieser Verstimmung zu sichern, glauben wir, ihnen anzeigen zu müssen, daß sie zu Basel-Augst aus dem Musterraupensaale sich die gewünschte Anzahl schon ausgekrochener Seidenwürmer verschaffen können; nur muß die *Verwaltung wenigstens einen Monat vorher davon in Kenntniß gesetzt werden, nämlich in den ersten Tagen des Mai.*

Die neugebornen Raupen werden in besonders dazu gemachte Schachteln eingeschlossen und können ohne Schwierigkeit und ohne daß man einen Nachtheil davon zu fürchten hat, eine Reise von wenigstens vier und zwanzig Stunden aushalten. Die Sorgfalt, welche die Anstalt für die Anfertigung solcher

à la confection de ces boëtes les garantit de tout inconvénient. Bien entendu que cette offre n'est faite qu'aux
abonnés qui ne sont pas à une distance telle de Basel-
Augst, qu'ils ne puissent recevoir l'envoi en 24 heures.

DESCRIPTION
DE LA MAGNANIÈRE. (a)

Comme il est essentiel de faire connaître la forme
à donner à une magnanière, qu'on appelle aussi
magnanerie ou *coconière*, nous allons décrire une
de celles de Basel-Augst, qui est construite à
peu de frais, et pour une once d'œufs seulement:

(a) *Magnanière*. C'est le nom que l'on donne à l'atelier où l'on
élève le ver à soie, et qui dérive du verbe *maniar*, lequel,
dans la langue Romance, signifiait *manger*. Dans quelques contrées
du Languedoc, ou appelle le ver à soie *magniac*. Ce nom lui a
sans doute été donné à cause de sa grande voracité.

Schachteln angewendet hat, sichert vor jedem Schaden. Wohl=
verstanden gilt dieß Anerbieten nur denjenigen Abonnenten,
die in einer solchen Entfernung von Basel=Augst wohnen, daß
sie die Sendung innerhalb 24 Stunden empfangen.

Beschreibung des Raupensaales (magnanière). (a)

Da es wesentlich ist, die einem Raupensaale zu gebende
Gestalt kennen zu lernen, so wollen wir hier einen der zu
Basel=Augst befindlichen beschreiben, der mit wenig Unkosten
und nur für ein Unze Eier errichtet, durch seine Einfachheit
durchaus leicht dem Begriffe zugänglich ist.

(a) Das französische Wort magnanière bezeichnet den Ort, wo der Seidenwurm
erzogen wird. Dieß Wort stammt von dem Zeitwort *maniar*, das in
der romanischen Sprache «essen» bedeutet. In einigen Gegenden von
Languedoc nennt man den Seidenwurm «*maniac*»; dieser Name ist ihm
ohne Zweifel wegen seiner großen Gefräßigkeit gegeben worden.

elle peut, par sa simplicité, être à la portée de tous.

Sans doute, lorsque nous aurons en Suisse des propriétaires de mûriers qui pourront faire éclore 20 à 30 onces d'œufs, il faudra recourir aux grandes magnanières, et y apporter tous les perfectionnemens connus, pour la ventillation de l'air, le chauffage etc.; il faudra recourir aux nouveaux systèmes et surtout à celui de M. Darcet, qui a trouvé tout ce que nous connaissons de mieux jusqu'à présent. Mais, comme cette année nous n'en sommes pas encore là, les détails minutieux des grandes magnanières salubres viendront un peu plus tard.

La magnanière de Basel-Augst est une chambre formant un carré long, dont un bout regarde le levant et l'autre le couchant; elle a 30 pieds de longueur sur 20 de largeur. A l'une des extrémités de la chambre est situé un fourneau carré construit en briques, et à l'autre extrémité, une cheminée à clef, qu'on peut fermer à volonté, quand on veut refouler la chaleur dans la magnanière et qu'il n'y a plus que la

Wenn wir in der Schweiz Eigenthümer von Maulbeer=
bäumen haben, die zwanzig bis dreißig Unzen Eier können
ausbrüten lassen, muß man jedenfalls große Raupensäle
anlegen und darin alle bekannten Vervollkommnungen anbringen,
die man für Auslüftung, Heizung u. s. w. entdeckt hat; man
muß die neuen Verfahrungsarten zu Hülfe nehmen, besonders
aber diejenige Hrn. Darcet's, der die bis jetzt bekannten
trefflichsten Entdeckungen gemacht hat. Aber in diesem Jahre
sind wir noch nicht so weit; deßwegen verschieben wir
die genaue Beschreibung der großen, tüchtigen Raupensäle
auf später.

Der Raupensaal von Basel-Augst besteht in einem Zimmer,
das ein längliches Viereck bildet, dessen eines Ende gegen
Morgen, das andere gegen Abend liegt; es hat 30 Fuß
Länge und 20 Fuß Breite. In der einen Ecke des Zimmers
steht ein von Ziegelsteinen gebauter Ofen, während an der
entgegengesetzten Seite ein Kamin befindlich ist, das man
nach Willkühr zumachen kann, wenn man die Absicht hat,
die Wärme in den Raupensaal einströmen zu lassen und keine
Glut mehr auf dem Heerde ist. Ist dieß Kamin im Gegen=
theil offen, so dient es zum Durchzuge der Luft, des Rauches

braise dans le foyer. Quand elle est ouverte, au contraire, elle sert à donner passage à l'air, à la fumée et aux différents miasmes qui existent dans la magnanière.

On allume dans cette cheminée, deux ou trois fois par jour, un petit feu, qui, outre la chaleur qu'il répand dans la chambre, sert à purger l'air toujours vicié par les exhalaisons du ver à soie, et de la litière produite des débris de la feuille qui lui sert de nourriture.

Quant au fourneau, il sert spécialement à entretenir dans la magnanière le degré de chaleur convenable.

La chambre est percée de quatre croisées, chacune munie d'un rideau vert, afin que le ver à soie n'ait qu'un demi jour, ce qui lui plait beaucoup mieux qu'un jour trop vif. Une des croisées donnant au nord, et une autre donnant au midi, sont munies d'un ventillateur fait en fer blanc et de la manière la plus simple; au-dessous de la porte d'entrée est un soupirail, qu'on ouvre et ferme à volonté, pour donner passage à l'air,

und der verschiedenartigen üblen Dünste, die in dem Saale sich entwickeln.

In dem Kamine zündet man zwei oder drei Mal des Tages ein kleines Feuer an, das außer der Wärme, die es in das Zimmer verbreitet, dazu dient, die Luft zu reinigen, die durch die Ausdünstungen des Seidenwurms und des von den Ueber-resten der ihm zur Nahrung dienenden Blätter herrührenden Mistes verdorben wird.

Der Ofen dient vorzüglich dazu, in dem Raupensaale den Grad der nöthigen Wärme zu unterhalten.

Das Zimmer ist mit vier Fenstern versehen, an deren jedem ein grüner Vorhang befindlich ist, so daß die Seidenraupe von Dämmerung umgeben ist, die sie mehr liebt, als die Helligkeit des Tages. An einem der Fenster das gegen Norden liegt, und einem andern gegen Mittag, ist ein Luftloch angebracht, das von Blech auf die einfachste Weise verfertigt ist; unterhalb der Eingangsthüre ist ein Schieber, den man nach Belieben öffnen und schließen kann, um der Luft Durchzug zu verschaffen. Zwei Thermometer, um die Grade der Wärme anzuzeigen, und ein Hygrometer, um die Grade der Trockenheit und Feuchtigkeit anzugeben,

Deux thermomètres pour indiquer les degrés de chaleur, et un hygromètre pour marquer les degrés de sécheresse ou d'humidité, sont placés dans la magnanière.

Au milieu de la chambre s'élèvent les claies, qui, par leur confection simple et avantageuse, méritent une mention détaillée.

Il y a vingt claies, formant quatre étages, dans la magnanière. Elles ont quatre pieds de long sur trois de large; elles sont faites avec des roseaux de la grosseur d'un tuyau de plume; ces roseaux ont été cueillis dans les étangs des environs: ils sont attachés ensemble avec du petit fil de fer, et espacés de trois lignes, afin de laisser un vide entre un roseau et l'autre. Tout autour de la claie est un rebord en bois mince, qui s'élève de deux pouces, et qui empêche les vers de s'échapper.

Ce n'est que lorsque les vers ont atteint leur 3e. âge qu'on les transporte sur ces claies; avant cette époque, ils seraient encore trop petits et risqueraient de passer à travers les roseaux.

befinden sich im Raupensaale. In der Mitte des Zimmers stehen die geflochtenen Horden, die durch ihre einfache und vortheilhafte Verfertigung eine besondere Erwähnung verdienen.

Zwanzig Flechtwerke bilden in dem Raupensaale vier Stockwerke. Von vier Fuß Länge auf drei Fuß Breite, sind sie von Schilfrohr von der Dicke eines Federkiels verfertigt; diese Rohre sind in den Teichen der Umgegend gesammelt worden, und mit dünnem Eisendraht so an einander befestigt, daß zwischen ihnen ein Raum von drei Linien ist und eine kleine Lücke ein Rohr vom andern trennt. Ganz um die Horden her ist ein Rand von dünnem Holz, und etwa zwei Zoll Höhe, der die Seidenraupen verhindert, die Flucht zu nehmen.

Nur wenn die Würmer ihre dritte Lebensperiode erreicht haben, bringt man sie auf die Rohrflechten; vor dieser Zeit wären sie noch zu klein und würden Gefahr laufen, zwischen dem Rohre durchzufallen.

Der Ueberrest der Blätter so wie der Auswurf des Seiden= wurms bleibt niemals auf der Rohrflechte; alles fällt zwischen den Rohren hindurch auf eine vier Zoll unter der Flechte

Les débris de feuille, ainsi que les ordures du ver à soie, ne s'arrêtent jamais sur les claies; tout passe à travers les roseaux et tombe sur une planche à tiroir située à quatre pouces au-dessous de la claie, et que l'on peut nettoyer trois ou quatre fois par jour, suivant le besoin, sans toucher au ver, qui est toujours au propre et au sec.

L'avantage que présentent ces claies est incalculable; le ver n'est jamais dérangé : il n'a jamais d'ordure sous lui; l'air peut circuler entre les roseaux et sécher immédiatement toute humidité. De plus, on épargne tout le temps que prendrait le changement de litière au moyen de filets ou autres procédés. La chaleur du local, le miasme et l'humidité que répandent les vers contribuent à faire fermenter et à corrompre la litière, ce qui est on ne peut plus nuisible à la santé des vers.

Avec ces nouvelles claies, rien de cela n'arrive : on emporte les tiroirs chargés des débris de feuille; on les nettoie proprement, et on les remet en place, sans toucher aux vers à soie.

befindliche Schublade, die man drei oder vier Mal am Tage, je nach dem Bedürfniß, reinigen kann, ohne den Wurm zu berühren, der immer an reinlichem und trockenem Orte befindlich ist.

Der Vortheil, den diese Rohrwerke gewähren, ist un= berechenbar; der Wurm wird nie gestört, nie hat er Unrath unter sich, die Luft kann zwischen den Rohren durchstreichen und unverzüglich jede Feuchtigkeit trocknen. Ferner erspart man hierdurch alle Zeit, welche das Aussäubern vom Miste vermittelst Netzen oder andern Vorkehrungen kosten würde. Die Wärme des Ortes, die Ausdünstung und Feuchtigkeit, die die Raupen verbreiten, tragen dazu bei, den Mist in Gährung zu bringen und anzugreifen, was der Gesundheit der Raupen im höchsten Grade schädlich ist.

Mit diesen neuen Rohrflechten fällt nichts dergleichen vor; man nimmt die Schubladen weg, worauf der Ueberrest der Blätter liegt, man reiniget sie und stellt sie wieder an ihren Ort, ohne die Raupe zu berühren.

Die Rohrflechten, wie das darunter befindliche Brett, haben die Einrichtung von Schubladen; man kann sie nach beiden Seiten herausziehen, was die Vertheilung der Blätter erleichtert.

Les claies, ainsi que les planches situées au-dessous, sont faites à tiroir ; on peut aussi les tirer des deux côtés, ce qui facilite la distribution des feuilles.

Avant leur 3e. âge, quand on ne peut encore les établir sur les claies de roseaux, les vers sont placés sur un canevas très-clair.

Comme il existe toujours dans la magnanière une place plus exposée à la chaleur, celle, bien entendu, qui est le plus rapprochée du fourneau, on la choisit pour les vers les plus petits, les plus chétifs, les moins vigoureux. Or, il s'en trouve toujours de tels dans une éducation, quelque soin que l'on prenne pour les avoir tous égaux. En les exposant ainsi à une chaleur plus élevée, et en leur donnant des repas plus fréquents, on les voit bientôt acquérir la même force et la même grosseur que les autres.

Le système de chauffage que nous avons indiqué, présente, sans doute, des inconvénients, à cause de l'inégalité de la chaleur, et en raison de la fumée que les fourneaux peuvent répandre ; mais il est à la portée de tous, et on peut, avec des soins assidus, parvenir ainsi

Vor ihrer dritten Lebenszeit, wenn man sie noch nicht auf die Rohrflechten bringen kann, werden die Raupen auf sehr hellen Canevas gelegt.

Da sich im Raupensaale immer eine Stelle befindet, die der Wärme mehr ausgesetzt ist, nämlich diejenige, die dem Ofen zunächst liegt, so bestimmt man sie für die kleinsten, geringsten und schwächsten Würmer. Denn welche Sorgfalt man auch anwenden mag, um sie alle gleich zu haben, so finden sich doch bei jeder Zucht solche vor. Wenn man sie einer größeren Wärme aussetzt, und ihnen häufiger Futter bringt, so sieht man sie bald die gleiche Stärke und Dicke annehmen, wie die andern.

Die Art der Heizung, die wir angegeben haben, führt zwar ohne Zweifel Nachtheile mit sich, wegen der Ungleichheit der Wärme und hinsichtlich des Rauches, den die Oefen verbreiten können; aber sie kann von Jedermann geübt werden, und mit unermüdlicher Sorgfalt kann man mit ihr dahin gelangen, die ganze Würmerzucht gut zu leiten.

Gewiß wird man sich dieser Heizungsart in der Schweiz bedienen, bis man größere Anstalten für die Zucht der Seiden= würmer hat. Der einfache Landmann oder wenig bemittelte

à bien conduire toute l'éducation des vers. On se rangera probablement à ces moyens de chauffage, jusqu'à ce que l'on ait, en Suisse, de grands établissemens pour élever les vers à soie. Le simple cultivateur, l'homme peu aisé, ne pourra guère faire construire ces grandes magnanières salubres, qui entraînent des frais et qui demandent des connaissances assez étendues.

Un autre moyen de chauffage, qui présenterait plus d'avantage pour l'égale distribution de la chaleur, mais qui demande plus de place, serait d'avoir une chambre située au-dessous de la magnanière; on établirait uu ou deux fourneaux dans cette chambre, puis on pratiquerait des soupiraux au plafond qui communique à la magnanière; de cette manière la chaleur provenant de la chambre de dessous se répandrait plus également et entretiendrait une atmosphère plus convenable.

Dans tous les cas, quelque soit le mode employé, le plus important est d'avoir toujours le même degré de chaleur le jour et la nuit, ainsi qu'un air constamment pur et sec. Si l'hygromètre signale une trop forte humidité de l'air, il faut tout de suite ouvrir les soupiraux,

Bürger kann nicht wohl jene großen Raupenzuchtanstalten anlegen lassen, die Kosten verursachen, und ziemlich ausgebreitete Kenntnisse verlangen.

Ein anderes Heizungsmittel, das für die gleiche Vertheilung der Wärme vortheilhafter wäre, das aber mehr Kosten und mehr Raum verlangt, besteht darin, daß man ein Zimmer unter dem Raupensaale hat; in diesem Zimmer würde man einen oder zwei Oefen einrichten und hierauf an der Decke Durchzuglöcher in den Raupensaal machen; auf diese Weise würde die aus dem unteren Zimmer aufsteigende Wärme sich gleichmäßiger vertheilen und eine tauglichere Luft herbeiführen.

In jedem Falle und wie auch die Heizungsart seyn möge, so ist es am wichtigsten, immer bei Tage und bei Nacht denselben Grad von Wärme, wie eine reine und trockene Luft, zu unterhalten. Sobald der Hygrometer eine allzugroße Feuchtigkeit der Luft anzeigt, muß man sogleich, bei milden Wetter, die Luftlöcher oder ein Fenster öffnen, oder ein helles Kaminfeuer anzünden; wenn im andern Falle er allzugroße Trockenheit verkündete, stellt man in die Ecken des Raupensaales Gefäße, die drei Zoll hoch mit Wasser gefüllt

une croisée, si le temps est doux, ou bien faire un feu clair dans la cheminée; si, au contraire, il marquait trop de sécheresse, on placera dans les coins de la magnanière des assiettes remplies de trois pouces d'eau. Cette dernière précaution est toujours bonne à prendre, mais surtout quand le ver à soie passe d'un âge à l'autre, c'est à dire, lorsqu'il change de peau: un peu d'humidité dans la magnanière lui facilite cette opération.

C'est ordinairement 80 à 90 degés d'humidité à l'hygromêtre de *Saussure*, qu'il convient d'entretenir dans la magnanière.

sind. Diese Vorsichtsmaßregel ist immer gut, besonders aber wenn der Seidenwurm von einer Lebenszeit zur andern übergeht, nämlich sobald er die Haut wechselt. Ein wenig Feuchtigkeit in dem Raupensaale erleichtert ihm diese Veränderung.

Gewöhnlich sind es 80 bis 90 Grade von Feuchtigkeit nach dem Hygrometer von Saussüre, die man in dem Raupensaale am passendsten unterhält.

1ᵉ AGE DU VER A SOIE.

Quand les vers à soie seront éclos et montés sur les petites branches de jeunes mûriers qu'on aura placées dans la boëte où ils sont nés, il faudra les établir sur la claie de canevas et porter la chaleur de la magnanière de 19 à 20 degrés Réaumur, la nuit comme le jour. On étendra sur la claie une bande de feuilles coupées en petites parcelles, et on y posera les branches garnies de vers. On élargira les bandes avec d'autres feuilles, à mesure que les vers augmenteront en grosseur, afin de prévenir un entassement qui gênerait leurs mouvements, empêcherait leur libre respiration, développerait chez eux différentes maladies, et, dans tous les cas, nuirait à leur croissance. Il est donc de toute nécessité *d'éclaircir* les vers, si l'on ne veut pas en perdre une

Erstes Alter des Seidenwurms.

Sind die Seidenwürmer ausgeschlüpft und auf die kleinen Aeste von jungen Maulbeerbäumen gekrochen, die man in die Schachtel, in der sie geboren worden, gelegt hat, muß man sie auf die Horde von Canevas bringen und die Wärme des Raupensaales von 19 auf 20 Grad Reaumür bei Tag und bei Nacht vermehren. Auf der Horde breitet man einen Bündel in kleine Stücke geschnittener Blätter aus, auf die man die mit Raupen bedeckten Aestchen legt. Je nachdem die Würmer dicker werden, erweitert man den Bündel mit andern Blättern, um eine Anhäufung zu vermeiden, die bei ihren Bewegungen ihnen lästig wäre, ihr Athmen hindern und mancherlei Krank=heiten bei ihnen erzeugen, in jedem Falle aber ihrem Gedeihen schaden würde. Es ist daher im höchsten Grade nothwendig, die Raupen dünn zu legen, wenn man nicht eine große

grande quantité, et si l'on veut conserver sains et saufs, ceux qui survivront.

C'est quatre repas par jour qu'il faut donner dans ce premier âge. Il faut leur servir, s'il est possible, de la feuille de jeune sauvageon. Dans tous les cas, qu'elle soit tendre, fine, coupée en morceaux, pour que le frêle insecte l'attaque plus aisément. Qu'elle soit distribuée bien également sur la claie; qu'elle soit nouvellement cueillie; toute fois, on doit bien se garder de la servir aux vers mouillée ou seulement humide.

Ne cueillez jamais votre feuille par la rosée du matin; attendez que les premiers rayons du soleil aient passé dessus.

Il faudrait moins encore la cueillir par la pluie. A cet effet, il sera bon d'avoir, à côté de la magnanière, une chambre spéciale, à l'abri tout à la fois de la chaleur, de l'humidité et de la lumière, pour en faire un magasin à feuilles quand on est menacé par le mauvais temps. On peut facilement la conserver ainsi trois ou quatre jours, en ayant soin de la remuer de temps en temps,

Menge verlieren und diejenigen erhalten will, welche am Leben bleiben.

In dem ersten Alter müssen die Seidenraupen vier Mal gefüttert werden. Man muß ihnen, wo möglich, Blätter von jungen Wildling-Maulbeerbäumen vorlegen. In jedem Fall sollen sie zart, fein und in Stücke zerschnitten seyn, daß das schwache Insekt sie leichter anfressen kann; sie sollen ferner gleichmäßig auf der Horde vertheilt werden und frischgepflückt seyn. Besonders aber muß man sich wohl hüten, sie den Würmern durchnäßt oder auch nur feucht vorzulegen.

Man soll niemals die Blätter nehmen, wenn sie noch der Thau des Morgens bedeckt; man warte vielmehr bis die ersten Sonnenstrahlen darauf gefallen sind.

Weniger noch darf man sie bei Regenwetter einsammeln; deßwegen ist es räthlich, in der Nähe des Raupensaales ein besonderes Zimmer zu haben, das zu gleicher Zeit vor Wärme, Feuchtigkeit und vor dem Lichte bewahrt ist, um es für den Fall eintretenden schlechten Wetters zu einer Vorrathskammer von Blättern zu gebrauchen. Man kann diese leicht drei bis vier Tage aufbewahren, wenn man Sorge trägt, sie von Zeit

afin d'en prévenir plus efficacement encore la fermentation.

Le premier âge du ver à soie dure ordinairement de sept à huit jours. Pendant ce temps, il augmente de quatorze fois son poids, et s'allonge de trois à quatre lignes. Au sortir de l'œuf, à peine avait-il une ligne de longueur.

Dans le courant de ce premier âge, les vers d'une once d'œufs auront consommé environ six à sept livres de feuille. On aura eu soin de renouveler l'air de la magnanière, soit en ouvrant la porte ou une fenêtre si la température est douce, soit en allumant seulement du feu à la cheminée, mais toujours en maintenant la chaleur au même degré; car rien ne leur est plus nuisible que de passer subitement du chaud au froid.

Au cinquième jour de ce premier âge, l'appétit des vers diminue; on devra aussi diminuer leur nourriture, surtout quand on s'apercevra que la feuille demeure intacte devant eux. Beaucoup de vers, dans cette journée, commencent à agiter leur tête: c'est une preuve que leur enveloppe les gêne et les surcharge.

zu Zeit umzukehren, wodurch man noch kräftiger der Gährung zuvorkommt.

Das erste Alter der Seidenraupe dauert gewöhnlich sieben bis acht Tage. Während dieser Zeit vermehrt sich vierzehnmal ihr Gewicht und sie wird um drei oder vier Linien länger. Als sie aus dem Ei schlüpfte, war sie kaum eine Linie lang.

Bei dem Verlaufe dieses ersten Lebensalters verzehren die Raupen von einer Unze Eier ungefähr sechs bis sieben Pfund Blätter. Man trägt dabei Sorge, die Luft im Raupensaale zu erneuern, sei es bei mildem Wetter, durch Oeffnen der Thüre oder eines Fensters, oder nur durch das Anzünden eines Kaminfeuers. Immer aber muß hierbei die Wärme auf gleichem Grade erhalten werden; denn nichts ist ihnen verderblicher als der plötzliche Uebergang von der Wärme zur Kälte.

Am fünften Tage dieses ersten Alters vermindert sich die Eßlust der Würmer; in gleichem Maße vermindere man auch ihre Nahrung, besonders wenn man bemerkt, daß die Blätter unberührt vor ihnen liegen. Viele Würmer beginnen an diesem Tage ihren Kopf zu bewegen; dieß ist ein Beweis, daß ihre Haut ihnen lästig ist und sie beschwert. Ihr Kopf ist

Leur tête est devenue plus grosse; ils commencent à s'engourdir; leur corps est presque transparent: alors ils approchent de la mue. Le jour suivant, ils sont tous assoupis, puis quelques-uns commencent à *s'éveiller*.

Lorsque la première mue est terminée, le ver prend une couleur cendrée; son mouvement vermiculaire est bien prononcé; tous les anneaux de son corps vont et viennent sur eux-mêmes d'une manière plus facile et plus libre. C'est alors seulement qu'il faudra leur changer la litière, en agissant de la manière suivante:

On prend un filet de la longuer de la claie où sont placés les vers. Aux deux côtés de ce filet doivent être attachées des baguettes en bois, afin de pouvoir le poser et l'enlever plus facilement. La maille du filet doit être assez large pour qu'on puisse y passer un doigt. On le placera sur les vers que l'on voudra *déliter*, et on répandra dessus une couche de feuilles. Aussitôt que les vers auront senti la feuille fraîche, ils quitteront immédiatement leur ancienne litière, passeront à travers les mailles du filet, et monteront sur cette feuille nouvelle. On prend alors le filet par les deux baguettes,

dicker geworden; sie fangen an zu erstarren; ihr Körper ist beinahe durchsichtig; sie nähern sich nun der Häutung. Den folgenden Tag sind sie alle eingeschlafen; einige Zeit nachher beginnen einige Würmer zu erwachen.

Wenn die erste Häutung geschehen ist, nimmt die Raupe eine Aschenfarbe an; ihre wurmartige Bewegung ist wohl ausgedrückt, alle Glieder ihres Körpers gehen auf eine leichtere und freiere Weise aus und zu einander. Nun erst darf man ihre Unterlage ändern, indem man dabei auf folgende Art verfährt:

Man nimmt ein Netz von der Breite der Horde, auf der die Raupen befindlich sind; auf beiden Seiten dieses Netzes müssen hölzerne Stäbchen angebracht seyn, um es leichter legen und wegnehmen zu können; die Maschen oder Zwischenräume des Netzes sollen so weit seyn, daß man einen Finger hindurch stecken kann. Man legt es über die Würmer, die man wegnehmen will; in dasselbe hinein thut man eine Anzahl Blätter. Sobald die Raupen die frischen Blätter riechen, verlassen sie sogleich ihre bisherige Unterlage, kriechen durch die Zwischenräume des Netzes und begeben sich auf die neuen Blätter. Nun nimmt man das

on le soulève doucement, et on le transporte ainsi chargé sur la nouvelle claie destinée à cet effet. Ce filet restera sous les vers jusqu'à la seconde mue, où la même opération sera répétée.

Il faudra, comme on le voit, autant de filets qu'il existe de claies. Cette dépense de filets n'est pas considérable; d'ailleurs elle sera bien vite compensée par le temps que l'on gagnera, et l'avantage qui en résulte pour les vers, lesquels réussissent d'autant mieux qu'ils sont moins touchés et pressés entre les doigts, comme cela se pratique encore dans diverses contrées.

On pourrait, au besoin, faute de filets, placer de petites branches de mûriers sur les vers que l'on veut changer de place, et les enlever ensuite, quand elles seront garnies de vers. Mais cette opération demande beaucoup plus de temps; on ne peut les prendre tous à la fois, comme avec le filet qui est infiniment préférable.

Quant à nous, à Basel-Augst, nous délitons rarement nos vers. Au moyen des claies en roseaux

Netz an den zwei Stäbchen, hebt es langsam auf und trägt es also beladen auf die zu dem Endzweck bestimmte neue Unterlage. Dieß Netz bleibt unter den Raupen bis zur zweiten Häutung, wo dieselbe Behandlung wiederholt wird.

Wie man bemerkt, gehören hierzu eben so viel Netze, als Horden vorhanden sind. Die Ausgabe für Netze ist nicht bedeutend; sie ist außerdem auch schnell durch die Zeit ausgeglichen, die man gewinnt, wie durch den Vortheil, der für die Würmer daraus entspringt, welche um so besser gedeihen, als sie weniger berührt und zwischen den Fingern gedrückt werden, wie es noch in mehreren Gegenden der Fall ist.

Im Nothfalle und in Ermängelung von Netzen könnte man auch kleine Aeste von Maulbeerbäumen auf die Würmer legen, die man den Platz ändern lassen will. Wenn sie mit Raupen bedeckt sind, nimmt man sie hinweg. Diese Maßregel erfordert jedoch weit mehr Zeit; man kann sie nicht alle auf ein Mal nehmen, wie mit dem Netze, was weitaus den Vorzug verdient.

Was uns betrifft, zu Basel-Augst, so wechseln wir selten den Platz unserer Raupen. Vermittelst der obenbeschriebenen Rohrflechten hat der Seidenwurm beinahe niemals Unrath

décrites plus haut, le ver à soie n'a presque jamais de litière sous lui, et le peu qui pourrait y en rester, faute d'avoir pu passer à travers les roseaux, se trouve promptement séchée par l'air qui circule au dessous.

Dans ce premier âge du ver à soie, comme dans tous ceux qui le suivent, et pendant toute son existence, il sera nécessaire d'observer strictement les précautions suivantes.

1° Apportez le plus grand soin à l'éclosion des œufs qui doivent être soumis à une chaleur graduelle, depuis 12 jusqu'à 24 degrés Réaumur.

2° Que la magnanière soit toujours tenue dans la plus grande propreté. Que l'air y soit toujours pur, qu'on le renouvelle souvent. Qu'on évite le voisinage de toute espèce d'immondices qui pourraient vicier l'air. Qu'on s'abstienne surtout d'entrer dans la magnanière avec des odeurs fortes, telles que les fleurs, le tabac, etc.

3° Le degré de chaleur doit être toujours le même, jour et nuit, dans le premier âge, 19 à 20 degrés Réaumur; 18 à 19 dans le deuxième et troisième, et 16 à 17 dans le quatrième et cinquième. Evitez

unter sich, und das wenige, was etwa davon bleibt, indem es zwischen dem Rohre nicht durchfallen konnte, wird schnell durch die, freien Zug habende Luft, abgetrocknet.

In dem ersten Lebensalter des Seidenwurms, wie in allen darauf folgenden und während seines ganzen Daseyns, ist es vor Allem nöthig, die folgenden Vorsichtsmaßregeln genau zu befolgen:

1) Wendet die höchste Sorgfalt für die Ausbrütung der Eier an, die stufenweise einer Wärme von 12—24 Grad unterworfen werden sollen.

2) In dem Raupensaale muß stets die äußerste Reinlichkeit herrschen. Die Luft darin soll immer rein und zu dem Zwecke öfters erneuert werden. Man vermeide die Nachbar=schaft aller Arten von Unreinlichkeiten, die die Luft ver=derben könnten. Man enthalte sich vorzüglich, mit stark=riechenden Dingen, als Blumen, Tabak u. s. w., in den Raupensaal zu treten.

3) Der Grad Wärme muß bei Tag und bei Nacht stets der gleiche seyn; im ersten Lebensalter 19—20 Grade Reaumür, 18—19 im zweiten und dritten, 16—17 im vierten und fünften Lebensalter. Sorgfältig vermeide man vor

surtout soigneusement que les vers ne passent d'un degré à l'autre avec trop de promptitude.

4° Lorsqu'il éclatera un orage, on fermera tout de suite les volets des croisées; on laissera les vers dans une complète obscurité; on allumera dans la cheminée un feu clair. L'électricité de l'atmosphère, qui, en quelques instans, peut opérer la putréfaction des viandes, faire tourner le lait qu'on vient de traire, est extrême-ment pernicieuse au ver à soie: elle peut faire manquer toute l'éducation, au moment surtout où le ver est prêt à monter pour filer son cocon.

En se conformant à ces dispositions principales, on manquera rarement une *couvée* de vers à soie.

Allem, daß die Raupen mit allzuvieler Schnelligkeit von einem Grade zum andern übergehen.

4) Zieht ein Gewitter heran, schließe man sogleich die Fensterladen und verseße die Raupen in vollständige Dunkelheit; in dem Kamin wird ein helles Feuer angezündet. Der in der Luft verbreitete electrische Stoff, der in wenig Augenblicken das Fleisch in Fäulniß bringen und die eben gemolkene Milch sauer machen kann, ist im höchsten Grade dem Seidenwurm schädlich; er kann die ganze Zucht zu Grunde richten, besonders in dem Augenblicke, wo der Wurm zum Spinnen seines Cocons sich bereit hält.

Hält man sich an diese hauptsächlichen Vorschriften, wird man selten eine Brut von Seidenwürmern fehlschlagen sehen.

2ᵉ AGE.

Dès que les vers auront été transportés sur les nouvelles claies, c'est-à-dire, qu'on aura changé leur litière, on leur distribuera un repas de feuilles coupées, et on leur fera une place un peu plus grande. Leur quatre repas par jour doivent leur être continués de six en six heures, et la chaleur de la magnanière doit être réduite à 18 ou 19 degrés.

La dose de nourriture doit toujours être réglée sur l'appétit des vers; car, économiser la feuille et obtenir une récolte de cocons aussi abondante que possible, tel est le but principal que doivent se proposer tous les éducateurs de vers à soie. Il est reconnu, par expérience, qu'en les surchargeant de nourriture, non-seulement on en perd un grand nombre, mais

Zweites Lebensalter.

Sobald die Raupen auf die neuen Horden gebracht sind, das heißt, sobald man ihre Unterlage gewechselt hat, theilt man Futter unter sie aus, immer noch zerschnittene Blätter; man räumt ihnen einen größeren Platz ein. Die bisherigen vier Mahlzeiten im Tage müssen von sechs zu sechs Stunden fortgesetzt werden; die Wärme im Raupensaale soll auf 18 oder 19 Grad vermindert werden.

Die Menge der Nahrung soll sich stets nach der Eßlust der Raupe richten; denn das hauptsächlichste Augenmerk aller Seidenwurmerzieher soll seyn, mit Ersparniß von Blättern eine möglichst reichliche Ernte von Cocons zu erhalten.

Es ist durch die Erfahrung anerkannt, daß durch Ueber=ladung mit Futter man nicht nur eine große Menge verliert, sondern daß man zugleich die übrigen schwächlich, krank

encore qu'on rend les autres languissans, malades, et plus ou moins incapables à la production de la soie.

Pendant le deuxième âge, les vers d'une once d'œufs auront mangé de 25 à 28 livres de feuilles. Leur longueur qui n'était que de quatre lignes au commencement de cet âge, est à la fin de six, et leur poids est cinq fois plus grand qu'il ne l'était alors. Leur couleur est *gris clair*, et deux lignes courbes, en forme de paranthèse, commencent à s'apercevoir sur leur dos.

Quelques jours avant de s'assoupir et de procéder à son second dépouillement, le ver mange avec une inconcevable voracité; et cela, moins encore pour se soutenir dans le jeûne qu'il va subir, que pour s'aider dans le pénible travail qu'il va entreprendre.

und mehr oder weniger zum Hervorbringen der Seide untaug‑
lich macht.

Während ihres zweiten Lebensalters verzehren die Raupen von einer Unze Eier 25 bis 28 Pfund Blätter. Ihre im Anfang dieses Alters nur vier Linien betragende Länge ist an dessen Ende auf sechs gestiegen, und ihr Gewicht hat ebenfalls um das Fünffache zugenommen. Ihre Farbe ist hellgrau, und zwei krumme Linien, in Gestalt von Einklammerzeichen, werden auf dem Rücken bemerkbar.

Einige Tage vor der Einschläferung und dem Uebergang zur zweiten Häutung frißt der Wurm mit einem unbegreiflichen Heißhunger, und zwar dieß weniger um sich das Fasten, dem er sich unterziehen muß, erträglich zu machen, als sich die mühevolle Arbeit, die er unternimmt, zu erleichtern.

3e A G E.

Pendant ce troisième âge, les vers subiront le même régime : 18 à 19 degrés de chaleur à la magnanière, quatre repas par jour, la feuille toujours coupée, mais moins fine qu'auparavant. Cet âge dure de six à huit jours ; les vers d'une once d'œufs auront mangé, pendant cette espace, de 85 à 90 livres de feuilles ; ils se seront alongés de six lignes, et leur poids aura quadruplé.

Il s'exhale, tant de la feuille du mûrier que du ver à soie lui-même, des vapeurs acqueuses qui empreignent d'humidité l'air de la magnanière. Il est donc de toute urgence d'allumer fréquemment du feu à la cheminée, et de ventiller l'air, en ouvrant la porte ou les croisées, sans que pour celà le degré de chaleur

Drittes Lebensalter.

Während dieses dritten Alters läßt man den Raupen die gleiche Behandlung angedeihen: 18 — 19 Grad Wärme in dem Raupensaale; vier Mahlzeiten im Tage; die Blätter immer noch, aber weniger fein geschnitten, als bisher. Dieß Alter dauert sechs bis acht Tage. Die Würmer von einer Unze Eier fressen während dieses Zeitraums 85 bis 90 Pfund Blätter; sie wachsen um sechs Linien mehr, und ihr Gewicht um's Vierfache.

Sowohl aus den Blättern des Maulbeerbaums, als von den Raupen selbst, entwickeln sich wässerige Dünste, welche die Luft des Raupensaales mit Feuchtigkeit schwängern; es ist daher sehr nothwendig, häufiges Kaminfeuer anzuzünden und durch Thür- oder Fensteröffnen die Luft zu erneuern, ohne daß deßwegen die Wärme sich vermindere. Auch muß

diminue, et en évitant surtout d'établir des courants d'air. Nous avons déjà dit cela plusieurs fois; mais cette précaution est si importante, et la réussite de l'éducation y est si intimement attachée, qu'on ne saurait trop le répéter.

4ᵉ AGE.

Il faut, pendant la durée de cet âge, que les vers à soie soient tenus bien à l'aise; car dans les huit jours qu'il dure, le ver croit de six lignes, et son poids quadruple encore. C'est surtout dans cet âge que le ver transpire beaucoup, et qu'il faut avoir recours au feu de cheminée, par une flamme claire, faite à chaque heure des repas, afin

der Durchzug der Luft sorgfältig vermieden werden. Wir haben dieß schon mehrmals ausgesprochen; aber diese Vorsichtsmaßregel ist so wichtig, das Gedeihen der Zucht so sehr davon abhängig, daß man es nicht oft genug wiederholen kann.

Viertes Lebensalter.

Die Seidenraupen müssen in diesem Lebensalter besonders gut gehalten werden; denn während der acht Tage, die es dauert, wächst der Wurm wieder um sechs Linien und sein Gewicht um das Vierfache. In diesem Alter dünstet der Wurm sehr viel aus, weßhalb man das Kaminfeuer zu Hülfe nehmen muß, um durch eine bei jeder Mahlzeit gemachte helle Flamme, die Feuchtigkeit zu verzehren, welche diese Ausdünstung in der Luft verbreitet.

d'absorber l'humidité que cette transpiration répand dans l'atmosphère.

Dix-sept à dix-huit degrés de chaleur suffiront alors, et la feuille sera beaucoup plus grossièrement coupée.

Dans le cinquième et sixième jour de cet âge, les vers mangent avec une voracité surprenante, qu'on appelle la *petite freze*.

5e A G E.

LE cinquième âge est la période qui s'écoule entre la quatrième ou dernière mue des vers à soie, et le commencement de leur travail. Ils sont alors ce qu'on appelle communément *réveillés des quatre*; car, comme on sait, chaque mue s'annonce par un sommeil.

Siebenzehn bis achtzehn Grad Wärme genügen jetzt, und die Blätter werden viel gröber geschnitten.

Am fünften und sechsten Tag dieses Alters fressen die Würmer mit erstaunlichem Heißhunger, was man im Französischen la petite freze nennt.

Fünftes Lebensalter.

Das fünfte Lebensalter ist die Zeit, welche zwischen der vierten oder letzten Häutung der Seidenraupen und dem Anfang ihrer Arbeit verläuft. Sie sind nun, wie man es gewöhnlich nennt, vom vierten aufgewacht; denn, wie bekannt, zeigt sich jede Häutung durch einen Schlaf an.

Die Eßlust der Raupen, welche im vierten Alter bedeutend gewachsen war, steigt in diesem in noch stärkeren Ver-

L'appétit des vers qui avait considérablement augmenté dans le 4ᵉ âge, augmente en celui- ci dans des proportions plus grandes encore; c'est ce qu'on appelle la *grande freze*. Alors ils auront atteint leur plus grand volume; il y en aura de 40 lignes de longueur, et presque toujours six vers peseront une once.

Pendant les deux derniers âges, les vers d'une once d'œufs consommeront 1200 livres de feuille environ.

Vers le sixième jour du cinquième âge leur appétit commencera à diminuer; leur poids et leur volume diminuent également, à cause, sans doute, de la grande quantité d'exhalaisons aqueuses qui s'échappent de leur corps.

Une couleur *jaune orangé* commencera à s'étendre sur eux d'anneaux en anneaux; ils chercheront les bords des claies, pour évacuer les matières dont ils doivent se débarrasser. Alors, ils commencent à *mûrir*. C'est le moment de changer leur litière avec le plus de célérité possible; on leur fera même une dernière distribution de feuilles, afin de presser la *maturité* des rétardataires.

hältnissen; man nennt dieß im Französischen la grande freze; sie erreichen nun ihren größten Umfang; es giebt deren von 40 Linien Länge, und beinahe immer wiegen sechs Würmer eine Unze.

Während der beiden letzten Lebensalter verzehren die Raupen von einer Unze Eier ungefähr 1200 Pfund Blätter.

Gegen den sechsten Tag des fünften Alters beginnt die Eßluft abzunehmen; ebenso nimmt ihr Gewicht und Umfang ab, ohne Zweifel, wegen der großen Menge wässeriger Dünste, die von ihrem Körper ausgehen.

Eine orangengelbe Farbe verbreitet sich über sie von Ring zu Ring, sie suchen den Rand der Rohrflechten, um die Stoffe hervorzugeben, deren sie sich entledigen müssen. Jetzt beginnt ihre Reife. In diesem Augenblick müssen ihre Unterlagen mit möglichster Schnelligkeit gewechselt werden; man giebt ihnen eine letzte Ration Blätter, um die Reife der Spätlinge zu beschleunigen.

Sie suchen die Blätter zu verlassen; man muß sie nun auf die Spinnzweige bringen.

Diese Maßregel besteht darin, zwischen einer und der andern Horde Aeste von Heidekraut (Pfriemenkraut), oder

Ils cherchent à quitter la feuille; c'est alors qu'il faut les *ramer*.

Cette opération consiste à disposer entre une claie et l'autre de petites branches de bruyère, de la fane de navets; on peut à cet effet se servir d'autres choses encore; mais la bruyère est préférable à tout. On aura soin de la dépouiller de toutes ses petites folioles, en la frappant, après l'avoir laissé sécher, sur un billot ou une grosse pierre.

Ces petites branches de bruyère, dont on fait des poignées en forme de petits balais, doivent être disposées comme des arcades entre une claie et l'autre. Elles seront placées de telle sorte, que les vers qui y montent ne puissent pas tomber. On leur fera faire l'éventail, pour que les vers grimpés les premiers ne puissent pas sâlir de leur excrétions ceux qui les suivent. Cette disposition facilite encore la circulation de l'air; le ver ne se trouve pas géné dans le travail du cocon, et surtout on évite ce qu'on appelle les *cocons doubles*. Les cocons doubles sont ceux à la confection desquels deux vers ont participé. Ils constituent

Blätter von Steckrüben hinzulegen; Man kann sich hierzu noch anderer Stoffe bedienen, aber das Heidekraut ist der vorzüglichste. Man muß Sorge tragen, es aller seiner kleinen Blätter zu entledigen, indem man es nach gehöriger Austrocknung auf einem Block oder einem dicken Stein schlägt.

Diese Heidekrautäste, wovon man Bündel in Gestalt kleiner Besen macht, sollen wie Säulen zwischen einer Flechthorde und der andern angebracht werden. Sie werden solchergestalt aufgestellt, daß die darauf kriechenden Raupen nicht herabfallen können. Man läßt sie fächerartig machen, damit die zuerst hinaufgekrochenen Raupen mit ihrem Auswurfe nicht die ihnen folgenden beschmutzen können. Diese Veranstaltung erleichtert auch den Durchzug der Luft, die Raupe findet sich in der Arbeit der Cocons nicht gestört, und besonders vermeidet man dabei, was man Doppelcocons nennt. Die Doppelcocons sind solche, an deren Verfertigung zwei Raupen gearbeitet haben. Sie verursachen beinahe immer einen Verlust an dem Ertrage und der Güte der Seide.

Um den Raupen das Aufsteigen zu erleichtern, legt man auf die Horde einige Aeste von Heidekraut, die mit dem Ende

presque toujours une perte dans la récolte et la qualité de la soie.

Afin de faciliter les vers à monter, on leur mettra sur la claie quelques petites branches de bruyère correspondant avec le pied des petits balais en éventail qui forment le ramage.

Quelque soit l'attention qu'on ait pû apporter à l'éducation des vers à soie, il s'en trouve toujours quelques uns qui n'ont pas la même vigueur, et ne cherchent que languissamment à *monter*. Il faut tout de suite les séparer, les transporter dans un endroit sec, les soumettre à une chaleur de 18 à 19 degrés, et attendre patiemment que la température les accélère.

C'est au moment où les vers sont *murs* et quittent les claies pour monter sur la bruyère qu'il faut prendre toutes les précautions possibles, afin d'éviter les courants d'air et les transitions trop brusques du chaud au froid. Il faudra allumer des feux clairs à la cheminée, pour purifier l'air, surtout lorsqu'il y aura quelque orage à craindre. C'est à cette période de sa vie qu'il faut le plus ménager le ver à soie; c'est le moment où il doit

der fächerartigen kleinen Besen, die das Spinngerüste bilden, in Verbindung stehen.

Wie groß auch die Aufmerksamkeit seyn mochte, die man zur Zucht der Seidenraupen anwandte, finden sich darunter dennoch immer einige, welche nicht die gleiche Kraft haben und nur schwach aufzukriechen versuchen; diese muß man sogleich von den übrigen trennen, sie an einen trockenen Ort bringen, sie einer Wärme von 18 bis 19 Graden unterwerfen und gedulbig abwarten, bis die Luftwärme ihnen nachhilft. In dem Augenblick, wo die Raupen reif oder zeitig sind, und die Horden verlassen, um auf das Heidekraut zu kriechen, muß man alle mögliche Vorsicht gebrauchen, um Luftzüge und plötzlichen Wechsel von Wärme zu Kühle zu vermeiden. Man muß Kaminfeuer anzünden, um die Luft zu reinigen, besonders wenn ein Gewitter zu nahen droht. In dieser Zeit seines Lebens muß man den Seidenwurm ausnehmend schonen; jetzt kommt der Augenblick, wo er uns für alle Mühe belohnen soll, die wir seit seiner Geburt an ihn gewendet haben. Es wäre eine schmerzliche Täuschung, die ganze Zucht durch Unterlassung der letzten Vorsichtsmaßregeln verunglücken zu sehen.

nous payer de tous les soins que nous avons pris de lui depuis sa naissance, et ce serait une déception cruelle de voir toute l'éducation manquée, faute de ces dernières précautions.

Trente ou trente six heures après avoir *ramé*, si l'éducation a été bien conduite, il ne restera plus de vers sur la claie; tous seront montés et travailleront à leurs cocons, qui pourront être terminés en trois jours et demi, et même plus tôt, si on voulait élever la température.

On reconnaît la fin de ce travail, qui constitue également la fin du 5e âge du ver à soie, lorsqu'en pressant le cocon avec les doigts, on y sent de la résistance, lorsque le cocon est devenu ferme et dur. Alors le ver quitte sa première enveloppe et devient chrysalide. C'est ce que nous appellerons le commencement de son sixième âge.

C'est lorsque les cocons présentent la dureté que nous venons de dire, que les spéculateurs adroits se hâtent de *déramer* et de les vendre; car quelques jours plus tard la chrysalide se sèche, et les cocons

Dreißig oder sechs und dreißig Stunden nach der Auf=rüstung befinden sich, wenn die Zucht gut geleitet war, keine Raupen mehr auf den Horden; alle sind aufgekrochen und arbeiten an ihren Cocons, die im Laufe von drei und einem halben Tage, selbst früher noch, wenn man die Temperatur steigern wollte, vollendet seyn können.

Das Ende der Arbeit, welches zu gleicher Zeit das Ende des fünften Alters des Seidenwurms anzeigt, erkennt man daran, wenn man beim Drücken des Cocons Widerstand empfindet und derselbe fest und hart geworden ist. Die Raupe verläßt nun ihre frühere Hülle und wird Dattel (chrysalide). Wir nennen dieß den Anfang seines sechsten Alters.

Wenn die Cocons die von uns angezeigte Härte erlangt haben, beeilen sich gewinnsüchtige Leute, sie vom Spinngerüste abzunehmen und sie zu verkaufen; denn einige Tage später trocknet der Dattel, und die Cocons verlieren ungefähr drei vom Hundert von ihrem Gewicht. Tausend Pfund Cocons wiegen zehn Tage nach ihrer Einsammlung nur noch 925 Pfund; man sieht hieraus, wie wichtig es ist, eine gleichmäßige Würmerzucht zu haben, damit das Einspinnen zu gleicher

perdent à peu près le trois pour cent de leur poids. Mille livres de cocons ne pèsent plus que 925 livres, dix jours après qu'ils ont été déramés. On voit par là combien il serait essentiel d'avoir des vers égaux, afin de pouvoir les faire *coconner* ensemble, et vendre leur produit le même jour.

Il faut apporter les plus grands soins à la manière de détacher les branches chargées de cocons; on doit les déposer les unes près des autres, sans leur faire éprouver la moindre secousse, sans les jeter ou les laisser tomber, parcequ'on pourrait blesser les chrysalides déjà formées, ou faire périr les vers qui n'auraient pas encore terminé leur travail intérieurement.

On dépouille les cocons de la bourre qui les entoure, et qui n'est produite que par la *bave* du ver, rendue avant son véritable tissu soyeux.

Dans le cas où l'on ne voudrait pas vendre tout de suite les cocons, et qu'on ne compterait pas non plus les faire filer immédiatement, il faudrait en étouffer la chrysalide, afin de prévenir la sortie du papillon.

Zeit von Statten gehe und man das Erzeugniß an einem Tage verkaufen kann.

Man muß die größte Vorsicht bei dem Abnehmen der mit Cocons beladenen Zweige anwenden, und einen neben den andern hinlegen, ohne sie im Geringsten zu erschüttern, hinzuwerfen oder fallen zu lassen, weil man die schon gebil= deten Datteln verwunden oder die Raupen tödten würde, die ihre Arbeit im Innern des Gespinnstes noch nicht vollendet hätten.

Man entledigt die Cocons von der Wirrseide, die sie umgiebt und die nur durch den Speichel des Wurms erzeugt ist, den er vor dem wahren Seidengewebe von sich giebt.

Im Fall man nicht die Cocons sogleich verkaufen und auch nicht sie abhaspeln lassen wollte, muß man den Dattel ersticken, um die Geburt des Schmetterlings zu verhindern.

MANIÈRE
D'ÉTOUFFER LA CHRYSALIDE
DANS LES COCONS.

Lorsqu'on aura enlevé tous les cocons de la bruyère, et après avoir fait le choix de tout ceux dont on désire avoir les papillons pour faire la graine, on devra s'occuper d'étouffer les chrysalides de ceux qui restent.

Il existe beaucoup de procédés pour les étouffer de manière à ne pas altérer le tissu qui forme la trame du cocon. On a souvent recours à la vapeur du camphre, de la térébenthine du souffre; mais tous ces procédés sont plus ou moins dispendieux et présentent souvent des difficultés. En Italie, on se contente d'exposer les cocons aux rayons du soleil

Art, den Dattel (chrysalide) in den Cocons zu ersticken.

Hat man alle Cocons von dem Heidekraut weggenommen und alle diejenigen ausgewählt, von denen man Schmetterlinge zum Eierlegen zu ziehen wünscht, muß man die Ertödtung der Datteln in den übrigbleibenden vornehmen.

Es giebt viele Verfahrungsarten, sie solchermaßen zu ersticken, daß das Gewebe des Cocons dabei nicht beschädigt wird. Oftmals nimmt man dazu Kampfer, Terpentin oder Schwefeldämpfe; aber diese Mittel sind sämmtlich kostspielig und oftmals mit Schwierigkeiten verknüpft. In Italien begnügt man sich, die Cocons während fünf oder sechs Tagen den Sonnenstrahlen auszusetzen; dieß reicht hin, um alle Datteln zu ertödten. In der Schweiz aber, wo die Sonnenhitze und die Unbeständigkeit des Wetters vielleicht nicht erlauben

pendant cinq ou six jours: cela suffit pour faire périr toutes les chrysalides. Mais en Suisse, où l'ardeur du soleil et l'inconstance du temps ne permettraient peut-être pas de compter sur ce moyen, il faudra, si l'on ne peut faire autrement, suppléer au soleil par une chaleur artificielle, comme on le pratique, au surplus, dans différentes parties de la France.

C'est dans les fours à pain qu'il convient le mieux de faire cette opération; après que le pain est retiré, la chaleur qui restera pourra vous suffire et vous dispenser de chauffer le four à cette seule fin.

On place les cocons dans des corbeilles, ou plutôt des tiroirs dont le fond sera en tôle; on en fait des couches de 3 à 4 pouces d'épaisseur, et on les met dans le four. 75 degrés de chaleur, au thermomètre de Réaumur, suffisent ordinairement pour les étouffer en une demi heure ou en trois quarts d'heure.

Cette méthode peut quelquefois nuire à la qualité de la soie, en faisant crisper la surface du cocon et en altérant le tissu; mais c'est celle qui est la plus généralement suivie dans les pays où

würde, auf dieses Mittel zu bauen, müßte man, im Falle nichts anders geschehen könnte, die Sonne durch eine künstliche Hitze ersetzen, wie man es übrigens schon in einigen Gegenden von Frankreich vollführt.

Am besten bewerkstelligt man diese Maßregel im Backofen; ist das Brod herausgenommen, kann die noch im Ofen bleibende Hitze genügen, und man hat nicht nöthig ihn allein für diesen Zweck zu heizen.

Man legt die Cocons in Körbe oder vielmehr in Schubladen, deren Boden von Eisenblech ist; man macht Lagen von 3 bis 4 Zoll Dicke und bringt sie in den Backofen. 75 Grad Wärme nach dem Thermometer Reaumürs reichen gewöhnlich hin, um sie in einer halben oder drei viertel Stunden zu ersticken.

Dieß Verfahren kann der Güte der Seide manchmal schaden, indem es die Oberfläche des Cocons verschrumpft und das Gewebe angreift; aber es wird in den Ländern, wo die Sonnenhitze den Backofen nicht entbehrlich macht, am meisten angewendet.

Das Gewicht der erstickten Cocons nimmt durch diese Behandlung oft um ein Siebentheil ab.

le soleil n'est pas assez chaud pour rendre le four inutile.

Le poids des cocons étouffés diminue souvent d'un septième, par cette opération.

CHOIX DES COCONS

A GARDER POUR PAPILLONS, ET MANIÈRE DE FAIRE LA GRAINE DES VERS A SOIE.

Les cocons d'un tissu fin, bien faits, de moyenne grosseur, forts aux deux bouts et serrés par le milieu, sont ceux qui donneront les papillons les plus robustes; car ils auront été produits par les vers les plus vigoureux.

Auswahl der Cocons,

um Schmetterlinge daraus zu ziehen, und Art, die Eier der Seidenraupen zu gewinnen.

Die Cocons von feinem Gespinnste, die gut gebildet, von mittlerer Größe, stark an beiden Enden und in der Mitte dünn sind, geben die stärksten Schmetterlinge; denn sie sind durch die kräftigsten Seidenwürmer erzeugt worden.

Gewöhnlich befinden sich die männlichen Schmetterlinge in den kleinsten, spitzesten, in der Mitte zusammengezogenen Cocons; in den an den Enden rundesten und dicksten Cocons sind die Weibchen.

Wenn die Auswahl der Cocons, die man für die Nachzucht aufbewahren will, gemacht ist, muß man die Wirrseide von ihnen nehmen, denn sie würde das Ausschlüpfen des Schmetterlings verhindern. Man legt sie auf Horden zwei

C'est ordinairement dans les cocons les plus petits, les plus pointus, les plus serrés dans le milieu que se trouvent les papillons mâles; c'est dans les plus ronds aux extrémités et les plus gros que sont les femelles.

Quand le choix des cocons que l'on veut garder pour la graine sera fait, il faut leur ôter la bourre, qui entraverait la sortie du papillon. On les place sur des claies, par couches de deux ou trois pouces, dans un appartement sec, aéré, où le thermomètre soit toujours de 15 à 18 degrés. Cette température est celle qui convient le mieux à la production du papillon.

On doit séparer les cocons que l'on croit être les mâles de ceux qu'on pense être les femelles, afin que l'accouplement ne soit pas précipité. La chambre où naissent les papillons ne doit avoir qu'un demi jour. Il semble que la trop grande clarté provoque chez eux un battement d'aîles qui les épuise prématurément.

On recommande, avant d'accoupler les papillons, de laisser les femelles pendant deux heures sur un linge

oder drei Zoll hoch über einander, und bringt sie in ein trockenes, luftiges Gemach, wo der Thermometer stets 15 bis 18 Grad Wärme zeigt. Diese Luftwärme ist der Erzeugung des Schmetterlings am günstigsten.

Diejenigen Cocons, die man für Männchen hält, muß man von den für weiblich angesehenen trennen, damit die Begattung nicht übereilt werde. In dem Zimmer, in dem die Schmetterlinge geboren werden, darf nur Dämmerlicht herr=schen. Es scheint, daß die allzugroße Helligkeit ein Flattern verursacht, das sie frühzeitig ermüdet.

Man empfiehlt, die Weibchen vor der Paarung der Schmetterlinge während zwei Stunden auf einem senkrecht aufgehängten Tuche zu lassen; nachher bringt man sie auf einen Tisch, wo die Befruchtung vor sich geht. Sechs Stunden nach der Vereinigung nimmt man das Weibchen am Ende der Flügel und versetzt es auf das Tuch, das die Eier aufnehmen soll.

Wenn alle Weibchen ihre Eier gelegt und die Schiefer=farbe angenommen haben, rollt man das Tuch sachte so zu=sammen, daß die Luft durchstreichen kann. Hierauf bewahrt man es an einem Orte auf, wo die äußere Luft im Sommer nie

pendu perpendiculairement; après quoi, on les place sur une table pour laisser s'opérer la fécondation. Six heures après l'accouplement, on prend doucement la femelle par le bout des ailes, et on la place sur le linge destiné à recevoir les œufs.

Lorsque toutes les femelles auront déposé leurs œufs, et que ceux-ci auront acquis la couleur de l'ardoise, il faudra rouler doucement le linge, de manière que l'air puisse y trouver passage, et le placer dans un lieu où la température, en été, ne s'élève pas à plus de 15 degrés, et ne descende jamais, en hiver, au-dessous de zéro. Pendant l'été, il sera bon, de temps en temps, de dérouler ce linge pour voir s'il ne s'y trouve point d'insectes, et si la fermentation ne s'y met pas.

über 15 Grad steigt, im Winter aber nie unter den Gefrier=
punkt fällt. Während des Sommers ist es gut, von Zeit zu
Zeit das Tuch aufzurollen, um zu sehen, ob keine Insekten
darin sind und keine Fäulniß entstanden ist.

CALCULS APPROXIMATIFS
SUR LES MURIERS ET LES VERS A SOIE.

Un hectare de terrain, ou dix mille mètres carrés, planté en mûriers, donne approximativement 25,000 livres de feuilles; et s'il est planté en mûriers nains greffés à larges feuilles, il peut en donner jusqu'à 30,000.

Or, un propriétaire possédant un hectare planté en mûriers, en ne supposant le produit que de 20,000 livres, en raison des éventualités d'années mauvaises, pourrait nourrir les vers à soie de 15 onces d'œufs, lesquels, étant bien soignés, lui donneraient de 150 à 170 livres de soie environ.

Annähernde Berechnung über die Maulbeer=
bäume und Seidenwürmer.

Eine Juchart, oder zehntausend Quadratfuß mit Maulbeer=
bäumen bepflanzten Landes liefert ungefähr 25,000 Pfund
Blätter; und wenn es mit gepfropften breitblätteriger Zwerg=
maulbeerbäumen bepflanzt ist, kann es bis gegen 30,000
Pfund geben.

Indessen kann der Eigenthümer einer mit Maulbeerbäumen
bepflanzten Juchart, angenommen, daß sie in Folge schlechter
Jahre nur 20,000 Pfund Blätter liefert, dennoch die Raupen
von 15 Unzen Eiern ernähren, die wohl gepflegt, ihm etwa
150 bis 170 Pfund Seide erzeugen würden.

Les vers à soie d'une once d'œufs, mangent, pendant leur vie, de 1200 à 1300 livres de feuilles de mûriers. S'ils ont bien réussi, ils produisent 100, 120 et même 130 livres de cocons.

D'après les nouveaux systèmes, on leur fait produire jusqu'à 185 livres!

Mr. Henri Bourdon, en 1836, a obtenu 175 livres de cocons d'une once d'œufs; et Mr. Camille Beauvais en a obtenu 185!

Deux cent-trente à deux cent-quarante cocons pèsent ordinairement une livre.

Une livre de cocons choisis pour faire la graine, donne à peu près 90 papillons femelles, lesquelles,

Die Würmer von einer Unze Eier fressen während ihres Lebens 1200 bis 1300 Pfund Maulbeerblätter. Gerathen sie gut, so bringen sie 100, 120 und selbst 130 Pfund Cocons hervor.

Nach neuen Verfahrungsarten bringt man ihr Erzeugniß bis auf 185 Pfund.

Hr. Heinrich Bourdon hat im Jahre 1836 von einer Unze Eier 175 Pfund Cocons erhalten, und Hr. Camille Beauvais deren 185 Pfund!

Zweihundert und dreißig bis zweihundert und vierzig Cocons wiegen gewöhnlich ein Pfund.

Ein Pfund ausgesuchte Cocons, die zur Nachzucht bestimmt sind, giebt etwa 90 weibliche Schmetterlinge, die

durant la ponte, qui est ordinairement de quarante-huit heures, déposent chacune de 450 à 500 œufs environ; ce qui ferait résulter d'une livre de cocons une once de semence, contenant à peu près 45,000 œufs.

~~~~~~~~~~~~~~~

Dix livres de bons cocons choisis donnent ordinairement une livre de soie.

~~~~~~~~~~~~~~~

Une éducation de vers à soie, bien conduite, ne doit durer que de 35 à 40 jours.

~~~~~~~~~~~~~~~

Un mûrier de 20 à 30 ans d'âge, à haute tige, peut approximativement fournir de 50 à 80 livres de feuilles, et quelquefois bien d'avantage, suivant les soins qu'on lui aura donnés et la qualité du terrain où il se trouve.
~~~~~~~~~~~~~~~

während der Legzeit, die gewöhnlich 48 Stunden dauert, jede ungefähr 450 bis 500 Eier legen, was von einem Pfund Cocons eine Unze Samen von 45,000 Stück Eier ausmachen würde.

Zehn Pfund gut ausgesuchter Cocons liefern gewöhnlich ein Pfund Seide.

Eine gut geleitete Seidenwürmerzucht darf nicht über 35 bis 40 Tage dauern.

Ein 20 — 30 Jahre alter, hochstämmiger Maulbeerbaum kann ungefähr 50 — 80 Pfund Blätter und öfters noch viel mehr liefern, was von der ihm gewordenen Pflege und der Güte des Erdreichs abhängt, auf dem er steht.

TABLES DES MATIÈRES.

1re PARTIE.

2e PARTIE.

Inhaltsverzeichniß.

Erster Theil.

Zweiter Theil.

TABLEAU SOMMAIRE

DE

L'ÉDUCATION DES VERS A SOIE, FAITE A BASEL-AUGST;

CALCULÉ SUR UNE ONCE D'OEUFS.

ANNÉE 1837.

Summarische Uebersicht

der zu Basel-Augst gemachten Seidenzucht. Auf eine Unze Eier berechnet.

Jahr 1837.

TABLEAU SOMMAIRE

DE L'ÉDUCATION DES VERS A SOIE, FAITE A BASEL-AUGST.

CALCULÉ SUR UNE ONCE D'OEUFS. ANNÉE 1857.

AGES.	MOIS.	TEMPÉRATURE THERMO.tre. REAUMUR.	QUANTITÉ DE FEUILLES.		TEMPS.
Jours.	Juillet.	Degrés.	Livres.	Onces.	
1er Age.					
1	2	20	—	10	beau temps.
2	3	20	1	15	id.
3	4	20	1	2	id.
4	5	20	1	4	id.
5	6	20	1	1	id.
6	7	19	1	—	id.
2e Age.					
7	8	19	1	—	id.
8	9	19	2	—	orage.
9	10	19	5	2	pluie.
10	11	19	8	11	beau temps.
11	12	19	6	10	vent.
12	13	19	4	9	beau temps.
13	14	18	2	—	id.
3e Age.					
14	15	18	9	—	id.
15	16	18	14	—	id.
16	17	18	18	—	id.
17	18	18	16	—	id.
18	19	18	15	—	pluie.
19	20	18	10	—	id.
20	21	18	2	—	orage.
21	22	18	1	—	beau temps.
4e Age.					
22	23	18	10	—	id.
23	24	18	25	—	id.
24	25	18	37	—	id.
25	26	17	49	—	id.
26	27	17	66	—	id.
27	28	17	53	—	orage.
5e Age.					
28	29	17	58	—	id.
29	30	17	90	—	vent.
30	31	17	110	—	beau temps.
	Août.				
31	1	17	180	—	id.
32	2	17	195	—	id.
33	3	17	125	—	id.
34	4	17	98	—	id.
35	5	17	20	—	id.
			Total 1238	—	

RÉCAPITULATION.

Une once d'œufs a donné 45,000 vers à soie, environ.

Leur éducation a duré 55 jours. Ils ont mangé pendant cette espace de temps 1258 livres de feuilles de mûriers.

Ils ont produits 109 livres de cocons choisis et de belle qualité, lesquels ont été filés en organsin très-fin, et ont donné 10 livres de soie, qui a été jugée, par des experts et des connaisseurs distingués, comme étant aussi belle, aussi luisante, aussi souple que celle d'Italie.

Un échantillon de cette soie est joint à la brochure.

———

Pendant les 55 jours qu'a duré l'éducation, il y a eu

26 jours de beau temps,
4 jours d'orages,
5 jours de pluie ou de vent.

———

Le 28 juillet, 27e jour de l'éducation, plusieurs vers ont commencé à jaunir et à devenir transparents.

Le 29 et 30 juillet, presque tous les vers étaient *murs*, et cherchaient à quitter la feuille. Le ramage a été disposé.

Le 2 août, 52e jour depuis leur naissance, tous les vers étaient montés sur le ramage et travaillaient à faire leurs cocons.

Le 5 août, tous les cocons étaient terminés, et le 6, on les a déramés.

BÉNÉFICES.

	Fr.
Pour 10 livres de soie produite, filée en organsin, la livre 28 francs de France	280
Valeur des cocons doubles de qualité inférieure et résidus propres à être filés en filoselle	12
Total	292
Les dépenses pour main d'œuvre, chauffage, filature et intérêt du capital employé	80
Reste en bénéfice net. Fr.	212

Summarische Uebersicht

der zu Basel=Augst gemachten Seidenzucht. Auf eine Unze Eier berechnet.

Jahr 1837.

Alter.	Monat		Wärmegrade nach Reaumür.	Menge der Blätter.		Witterung.	Wiederholung.
	Tage.	Juli.	Grade.	Pfund.	Unzen.		
Erstes Alter.	1	2	20	—	10	Schön Wetter	Eine Unze Eier hat etwa 43,000 Seidenraupen gegeben. Die Zucht derselben dauerte 35 Tage. Während dieses Zeitraums verzehrten sie 1238 Pfund Maulbeerblätter. Sie lieferten 109 Pfund ausgewählte Cocons von trefflicher Güte, die, zu feiner Organsinseide abgesponnen, zehn Pfund Seide geliefert haben, die von Sachverständigen und ausgezeichneten Kennern als eben so schön, glänzend und geschmeidig gefunden wurde, als die italienische Seide.
	2	3	20	1	15	dto.	
	3	4	20	1	2	dto.	
	4	5	20	1	4	dto.	
	5	6	20	1	1	dto.	
	6	7	19	1	—	dto.	
Zweites Alter.	7	8	19	1	—	dto.	Ein Muster dieser Seide ist dieser Schrift beigefügt.
	8	9	19	2	—	Gewitter.	
	9	10	19	5	2	Regen.	
	10	11	19	8	11	Schön Wetter.	
	11	12	19	6	10	Wind.	
	12	13	19	4	9	Schön Wetter.	
	13	14	18	2	—	dto.	
Drittes Alter.	14	15	18	9	—	dto.	Während der 35 Tage, welche die Zucht gedauert hat, waren
	15	16	18	14	—	dto.	26 Tage schönes Wetter,
	16	17	18	18	—	dto.	4 Tage Gewitter,
	17	18	18	16	—	dto.	5 Tage Regen oder Wind.
	18	19	18	15	—	Regen.	
	19	20	18	10	—	dto.	
	20	21	18	2	—	Gewitter.	
	21	22	18	1	—	Schön Wetter.	
Viertes Alter.	22	23	18	10	—	dto.	Am 28. Juli, den 27ten Tag der Zucht, begannen einige Raupen gelb und durchsichtig zu werden.
	23	24	18	25	—	dto.	
	24	25	18	37	—	dto.	
	25	26	17	49	—	dto.	
	26	27	17	66	—	dto.	
	27	28	17	53	—	Gewitter.	Den 29. und 30. Juli waren beinahe alle Raupen zeitig und suchten die Blätter zu verlassen. Das Spinngerüste wurde angebracht.
Fünftes Alter.	28	29	17	58	—	dto.	
	29	30	17	90	—	Wind.	
	30	31	17	110	—	Schön Wetter.	Den 2. August, 32 Tage nach ihrer Geburt, waren alle Raupen auf dem Spinngerüste und arbeiteten an ihrem Einspinnen.
	31	August. 1	17	180	—	dto.	
	32	2	17	195	—	dto.	Am 5. August waren alle Gespinnste fertig, und den 6. nahm man sie ab.
	33	3	17	125	—	dto.	
	34	4	17	98	—	dto.	
	35	5	17	20	—	dto.	
				Summa 1238	—		

Ertrag.

		Fr.
Für zehn Pfund erzeugter, zu Organsin gesponnener Seide, das Pfund zu 28 französische Franken	. . .	280.
Werth der Doppelcocons von geringerer Güte, und geeignet, zu Floretseide gesponnen zu werden	. . .	12.
	Summe	292.
Ausgaben für Taglohn, Heizung, Spinnen und Capitalzinse	. . . . . .	80.
	Bleibt reiner Ertrag Fr.	212.

Echantillon de la Soie obtenue à Basel-Augst en 1837

Probe von der Seide in Basel-Augst erhalten anno 1837.

CONDITIONS
ET AVANTAGES DE L'ABONNEMENT.

L'Abonnement ne donne pas seulement droit à l'envoi de la publication annuelle.

L'Administration achetera les cocons de MM. les abonnés.

Elle leur donnera tous les renseignemens qui lui seront demandés, concernant les mûriers et les vers à soie.

Elle fournira à un prix modique toutes sortes de mûriers, œufs de vers à soie etc.

Il y aura tous les ans, au mois de juin, à Basel–Augst, un cours gratuit sur la culture des mûriers et l'éducation des vers à soie.

Prix 20 francs de France par an.

S'Adresser, franco par la poste, à Mr. Allemandi-Ehinger à Bâle.

Bedingungen
und
Vortheile des Abonnements.

Das Abonnement bringt nicht allein die Uebersendung der Jahresschrift mit sich;

Die Verwaltung wird die Seidenhäuschen (Cocons) von den HH. Abonnenten kaufen.

Sie wird ihnen in Betreff der Maulbeerbäume und der Seidenwürmer alle Aufschlüsse ertheilen, die sie von ihr verlangen werden.

Sie wird zu einem billigen Preise alle Arten von Maulbeerbäumen, Seidenwürmereiern ꝛc. liefern.

Es wird alle Jahre im Monat Juni zu Basel-Augst ein unentgeltlicher Curs über die Zucht der Maulbeerbäume und der Seidenwürmer gehalten werden.

Preis: 20 französische Franken jährlich.

Sich in frankirten Briefen an Hrn. Allemandi-Ehinger in Basel zu wenden.

www.ingramcontent.com/pod-product-compliance
Ingram Content Group UK Ltd.
Pitfield, Milton Keynes, MK11 3LW, UK
UKHW021124220726
13924UKWH00004B/1899